U0125800

驱动人生的模式

乐观者和悲观者成功的路径

FOCUS

Use Different Ways of Seeing the World for Success and Influence

[美]
海蒂·格兰特·霍尔沃森
Heidi Grant Halvorson
E. 托里·希金斯
E. Tory Higgins
著

戴思琪
译

机械工业出版社
CHINA MACHINE PRESS

图书在版编目（CIP）数据

驱动人生的模式：乐观者和悲观者成功的路径 /（美）海蒂·格兰特·霍尔沃森（Heidi Grant Halvorson），（美）E. 托里·希金斯（E. Tory Higgins）著；戴思琪译 . —北京：机械工业出版社，2024.5

书名原文：Focus: Use Different Ways of Seeing the World for Success and Influence

ISBN　978-7-111-75544-9

Ⅰ. ①驱…　Ⅱ. ①海… ②E… ③戴…　Ⅲ. ①人格心理学　Ⅳ. ①B848

中国国家版本馆 CIP 数据核字（2024）第 069849 号

机械工业出版社（北京市百万庄大街 22 号　邮政编码 100037）

策划编辑：向睿洋　　　　责任编辑：向睿洋

责任校对：肖　琳　张亚楠　　责任印制：李　昂

河北宝昌佳彩印刷有限公司印刷

2024 年 7 月第 1 版第 1 次印刷

147mm × 210mm · 8.125 印张 · 1 插页 · 166 千字

标准书号：ISBN　978-7-111-75544-9

定价：59.00 元

电话服务	网络服务
客服电话：010-88361066	机　工　官　网：www.cmpbook.com
010-88379833	机　工　官　博：weibo.com/cmp1952
010-68326294	金　　书　　网：www.golden-book.com
封底无防伪标均为盗版	机工教育服务网：www.cmpedu.com

前言

FOCUS

我们所在的哥伦比亚大学动机科学中心（Motivation Science Center，MSC）的每周例会一直都很有趣，也很有启发性。这不仅仅是因为我们的研究主题——人们为什么要做他们所做的事情——比起思考例如精算领域的进展更有意思。我们的地下会议室里摆放着一张长桌和若干椅子，桌子上面通常堆满了报纸、饮料和零食。我们的黑板上画满了潦草的图表和图形（有些我们已经讨论了好几个月）。每周都会有一位勇敢的同事向其他成员展示自己的研究进展，回答同事们刁钻的问题并接受反馈。这些反馈有时是赞美，有时是批评，但往往都充满了幽默的智慧。

虽然每位同事都有自己的怪癖，比如有人喜欢长篇大论、有人不修边幅，但如果要讨论我们是如何工作的，我们很清楚就可以分为两大阵营。(事实上，所有公司、学校、社区中的大多数人都属于这两大阵营中的一个。) 通过了解我们最有趣（且意志坚强）的两位同事，你能很好地了解这两大阵营之间的区别。为了保护个人隐私，他们两位被化名为：乔恩和雷。

乔恩是那种有人会觉得他“难相处”的人，用他喜欢的表述来讲，乔恩是个“怀疑论者”。你几乎很难在乔恩面前把话说完而不被他打断，他会告诉你为什么从一开始就错了。他衣着考究，措辞精准，从不拖延。他本质上是一个悲观主义者（属于我们之后会讨论的防御型的人)，如果你尝试告诉他一切顺利，不必担心，你就会明显看到，他对你这种鲁莽而天真的态度感到非常不舒服。

在这一点上，乔恩可能确实有些令人讨厌、难以相处，不可否认，他有时就是这样。但是，一旦了解他，你很容易就能明白他为什么会这样——他致力于不犯错误。事实是，只要一想到可能犯错，他就会心烦意乱，大多数时候他都会有一点焦虑。正因为如此，他的研究通常完美无缺——清晰地表达观点，得到过去研究的精准支持，数据分析也非常完美，就连前文提到的精算领域的会计师都会露出钦佩的微笑。当他对我们的研究做出反馈时，他真心想帮助我们避免错误。忠言逆耳利于行，他的建议让人听着并不舒服，但我们的研究总能因为他的建议变得更好。

雷是乔恩的对立面，他看起来很少会真的担心些什么。他同样聪明，同样动力满满，但在工作（和生活）中始终保持着一种让人难以不嫉妒的乐观态度。他不为小事担心，一心想着产生下一个伟大的想法。但有时这种乐天的状态会招致麻烦。他不得不给自己的大多数物品都贴上“如果你捡到它，请拨打雷的电话 555-8797”的标签，因为他总是忘记把东西放在哪里。当每一位二年级的博士生都为自己的研究报告会准备了演示文稿，做好万全的准备时，雷的报告却只包含两张幻灯片投影和一张便利贴。（虽然在研究想法上，他报告了当年最令人印象深刻的论文之一。）

雷的作品富有创造性和前瞻性，他不怕踏足前人未曾走过的路，不怕冒学术风险，即使其中一些研究最终还是走向了死胡同。但在个人形象方面……有一次在实验室会议上，乔恩就说雷的衬衫皱得很厉害，看起来就像是整个上午都蜷在裤子口袋里。雷确实不修边幅。

表面上看，乔恩和雷都是有才华、肯努力的人，他们有着相同的目标：成为一名杰出的科学家。当你想要影响他人时，无论你是心理学家、管理者、市场营销人员、教师还是家长，你通常都要先弄清楚对方想要什么，然后利用相关知识去理解和预测他们的行为。但如果乔恩和雷的目标相同，那为什么他们在目标追求的各个方面都如此不同呢？

我们都知道，人们想要好的东西（好的产品、好的想法、好的体验）并避免不好的东西。如果这就是我们需要知道的关于动机的一切，那么对心理学家（以及管理者、市场营销人员、教师和家长）来说就太好了。但事实并非如此。为了更全面地理解乔恩和雷，甚至所有人，我们首先要从一位同事（希金斯）在二十多年前就提出的一个见解开始：从根本上来说，好事（坏事）有两种。[1]

好事（坏事）有两种

像雷这样的人，正如老歌里唱的那样，“看重事情积极的一面”。他们把自己的目标看作有所增益的机会。换句话说，他们关注所有在他们成功时会发生的“好事”——收获和奖励，“为赢而战”。他们对这种“好事”的追求，属于**“进取型动机导向”**（promotion focus，或简称“进取型导向”）的类型。许多研究都表明，进取型动机导向的人会对乐观和赞美做出最佳反应，更有可能抓住机遇，并擅长创造和创新。不幸的是，所有这些冒险和积极的思考都让他们更容易犯错，不太可能全面思考，而且通常不会准备其他计划来应对失败。对于一个进取型动机导向的人来说，真正的“坏事”是没有收获：没有把握住某个机会，没有赢得某个奖励，没能进步。他们宁愿尝试所有事情，让它们堆积在眼前，也好过感到自己错失了某个机会。

其他人，比如乔恩，倾向于把他们的目标看作履行职责和维系安全的机会。他们会考虑不努力追求目标可能出现什么问题。他们比赛不是为了赢，而是为了不输。他们最想要的是安全感。他们对这种“好事”的追求，属于**“防御型动机导向”**（prevention focus，或简称“防御型导向”）的类型。在我们的研究中，我们发现，这种防御型动机导向的人更多受批评和眼下失败可能性（例如工作不够努力）的驱使，而非受掌声和灿烂前景的鼓舞。防御型动机导向的人往往更为保守，不愿冒险，但他们的工作也更为缜密、准确、计划周密。当然，如果对错误过于谨慎、过度警惕，就会扼杀成长、创造和创新的可能性。但对于防御型动机导向的人来说，终极的"坏事"是未能阻止的损失：犯了一个错误，受到了某种惩罚，遇到了一个未能提前避免的危险。他们更不愿意轻易做出尝试，不愿陷入困境。无论谁第一个说"下一个魔鬼一定更为邪恶"，都会得到乔恩强烈的赞同。

动机科学中心以及世界各地实验室的研究人员已经进行了二十多年的不懈研究，来探索生活中进取和防御的成因和成果。我们知道，虽然每个人都同时关注进取和防御，但大多数人都拥有一个**主导性动机关注点**（motivational focus），以此来应对生活中大多数的挑战和要求。关注点也会根据不同情境而发生变化：有些人在工作中是进取型导向，但在与孩子有关的问题上更偏向防御型导向。在排队买彩票时，每个人都是进取型导向；而在排队接种流感疫苗时，每个人都是防御型导向。

数以百计的研究表明，你所追求的"好事"正在影响你的一切，它影响你关注什么、你看重什么、你选择使用何种策略（何种策略确实有效），以及当你成功或失败时你感觉如何。它会影响你的优点和缺点，无论是个人方面还是专业方面。它会影响你如何管理员工、如何养育孩子（以及为何爱人的决策和偏好在你看来如此奇怪）。毫不夸张地说，你的关注点影响了一切。

在本书第一部分，我们将解释进取型动机导向和防御型动机导向的本质，以及它们的作用原理，你将会以一种全新的方式来理解你自己和身边的人，你会突然理解一些之前搞不清楚的事情。最终你会明白，既放眼全局又着眼细节为何如此困难；为什么在每一对夫妻中，“天真率直”的那个人通常不是家里管账的人；为什么你要么低估了每件事所需花费的时间，要么高估了它的困难程度；为什么和你不同的人会看起来如此奇怪。你会明白，为何你做出了某种选择，为何你会羡慕某种经历，以及为何你会喜欢某一种品牌的产品而不是另一种。你将能够利用这些知识来增强你的幸福感和效能感。

增强你的影响力

如果你所从事的是对他人产生影响的工作——每天大部分的工作都涉及通知、说服和激励他人，那么理解进取和防御对你来说将极有价值。(请注意，这种“影响”既适用于教师、教练、父母，也适用于市场营销人员、管理者和辩护律师。想想看，我们大多数人都在以这样或那样的方式影响别人或受他人影响。除非你独自生活在一座孤岛上，这样的话，你可以试着用这本书打开你的椰子。)

不同的产品、活动和想法可能会激发人的进取型动机或防御型动机，这取决于人们所关注的是哪种“好事”或者“坏事”。有些是显而易见的：安全带、家庭安全系统、乳房 X 光检查，这些在本质上是为了避免损失（防御型导向），而度假屋、彩票和整容手术则是为了有所增益（进取型导向）。另外，一些产品激发进取型动机还是防御型动机，取决于如何表述。当关于牙膏的表述是“更美的微笑”和“清新的口气”时，它就是一款进取型导向的产品。但如果表述是“避免蛀牙和牙龈炎”，它就更偏向防御型。

正如本书第二部分所表明的那样，对于你想要影响的人，你可以传达与他们的动机关注点相契合的表述。当你调整你的信息（或他们的体验）来建构契合体验时，他们会感觉“很对”。我们把这种体验称为**动机关注点契合**（motivational fit），我们从十多年的相关研究中了解到，它能够提升信任度、可信度、参与度和价值感。而不契合的信息和体验不会让人产生动机关注点契合，它们让人觉得哪里“不对”，最终走向失败（不幸的是，这种情况经常发生）。为了帮助你进一步理解，让我们来看看“安全性行为”这一问题，试着理解何时使用避孕套会产生动机关注点契合，何时不会。

安全性行为

一个悖论：为什么在经济不景气的情况下避孕套的销量会上升，尽管对经济状况的焦虑确实会使人们减少性生活？答案并不像你想的那么简单。的确，在经济不景气的时候，人们不太想要抚养更多的孩子，但是，如果仅仅是为了避免意外怀孕就足以让人们使用避孕套，那么在经济状况良好的情况下，避孕套的使用频率和可靠性也会大大提高。

因此，这又一次归结为动机关注点契合的问题。在经济繁荣时期，性行为本质上是一种令人愉悦的行为，而在性行为中使用避孕套并不会让人感到契合，因为这不是一种令人愉悦的方式，而是一种安全的方式。我们都知道，对于一种关注点有效的方法对于另一种关注点来说通常是糟糕的。因此，如果你在决定是否使用避孕套的时候体验不到动机关注点契合，你就不会感觉使用避孕套“很对”。

当然，除非是在经济困难时期。当经济不景气的时候，你每天都会感到很焦虑，这种感觉也会渗透到你的性生活中。即使性行为本身仍然主要是为了快乐，但在经济不景气的情况下，人们更加关注安全和保障。避孕套是实现这些目标的一种很好的方式，因此能建构动机关注点契合，让人们感觉使用避孕套“很对”。

实用指南

本书是一个实用指南，帮助你了解自己的进取型动机导向和防御型动机导向，并与之共处。在自己的生活中运用本书相关知识，你将能更高效地实现自己的目标。将本书相关知识作为影响他人的工具，你便可以建构信任感、价值感和更好的表现。这像是一种魔法，却是真实可行的。

目录

FOCUS

第二部分　动机关注点契合

第一部分

进取型与防御型动机关注点

第 1 章
FOCUS

趋近成功与回避失败

人们想要获得成功。他们想要得到一些让自己感觉良好的东西，做出一些提升自身效能感的事情。但是，正如我们从动机科学中心的同事乔恩和雷身上所了解到的，他们的动机表现为两种非常不同的形式——前者关注维系他已然拥有的东西，后者关注得到更多尚未获得的东西。进取型动机导向指最大化增益和避免错失机会。当人们的行动被追求进步、出类拔萃、实现抱负或者获得赞誉的欲望所驱使时，人们就像乐观的、以期望为导向的雷一样，属于进取型动机导向。

防御型动机导向则指最小化损失，让事情持续正常发展。当人们试图保证安全、避免错误、履行职责，并被认为可靠而坚定时，人们就像谨慎的、以细节为导向的乔恩一样，属于防御型动机导向。

人们如何去体验自己周围的世界——关注的是什么，如何解读它，有多关心它——在很大程度上取决于当下的动机关注点。在本章中，我们将更为深入地挖掘进取型动机导向与防御型动机导向，解释它们为什么存在，以及当我们在日常生活中采用不同关注点时，我们是如何受到影响的。

两种动机关注点

人类生来就有两种基本需要，如果我们想要生存下来，这两种需要都必须得以满足——得到养育的需要和安全的需要。简单来说，我们希望得到养育和处于安全之中。

得到养育是件好事，这意味着我们能得到想要的（积极的）东西：食物、饮水、拥抱、梳洗，也许还有经济支持。得到养育意味着未来能够有所增益。

处于安全之中也是一件好事，因为很明显，危险的事物会令人丧命。有了保护，我们就能够避免受到（消极的）事物的伤害，像是捕食者、毒药、尖锐的物体，等等。处于安全之中意味着我们能够更好地避免损失。

不需要借由心理学家或哲学家之口就能知道，我们都趋近快乐，回避痛苦。虽然有时候表现得不够明显，但无疑的是，我们有两种快乐和痛苦，每一种都与这些基本的人类需求有关：得到养育的快乐（和没有得到养育的痛苦），以及处于安全之中的快乐

（和感到不安全的痛苦）。回想一下自己过去的经历，个中区别会逐渐变得清晰起来。当我们被同事称赞工作做得不错时，我们所感受到的快乐，与在大雨倾盆之前赶到家中所感受到的快乐是截然不同的。这两种经历都是令人愉快的，但它们在本质上非常不同（一个是“太棒了”，另一个是“好险啊”）。

我们可能很难意识到，在寻找这些不同类型的快乐的过程中，我们会对不同的信息感到敏感、使用不同的策略，并被不同类型的反馈所激励。

进取型动机的核心是满足我们得到养育的需要，用积极的事物来填充生活，比如爱、赞美、成就、进步和成长。进取型动机的目标是我们所期望实现的目标（比如“我期望自己身材更好”“我期望自己能够谈段恋爱”）。当我们确实实现了一直在追求的积极目标时，我们会感受到与活力和快乐有关的情绪：幸福、快乐、兴奋。或者，就像雷所说的，我们感到“兴奋极了”。

防御型动机是为了满足我们处于安全之中的需要，我们会做一些必要的事情，来维持当下令人满意的生活，比如保证自己的安全、做正确的事情。防御型动机的目标是那些我们觉得自己应该去实现的目标，应该对其承担义务或责任的目标（比如“我真的需要减肥了”“我应该谈段恋爱了”）。当我们一直处于安全之中时，我们会感受到一股低能量输出的平静情绪：平和、放松、宽慰。（这确实是一种低能量输出的状态，但并不意味着人们感觉不好——如果你去问一位正忙得团团转的职场妈妈，她现在最想要的是什么，她通常会脱口而出“我好想歇一会儿放松一下”。）

在继续阅读之前，请你花点时间回答以下问题。请你尽量诚实作答，答案并没有对错之分。

你的动机是什么

请你快速回答以下问题，每个回答只能使用一到两个词。

1. 写出你所期望拥有（或拥有更多）的一种品质或特征。

2. 写出你觉得自己应该拥有（或拥有更多）的一种品质或特征。

3. 再说出一个你所期望拥有的品质。

4. 再说出一个你觉得自己应该拥有的品质。

5. 再说出一个你觉得自己应该拥有的品质。

6. 再说出一个你所期望拥有的品质。

7. 再说出一个你觉得自己应该拥有的品质。

8. 再说出一个你所期望拥有的品质。

在回答这些问题之后，你感受到了什么？大多数人会发现，自己很容易想出前几个问题的答案，但要想出第三个或第四个“期望拥有的品质”或是“应该拥有的品质”，就比较困难了。你更容易想到的是“期望拥有的品质”还是“应该拥有的品质”？通过这一点，你能够判断自己更具备进取意识还是防御意识。如果你首先想到的是“期望拥有的品质”，那么你习惯于从理想的角度来思考问题，更具有进取意识。如果“应该拥有的品质”首先出现在你的脑海中，那么你更具有防御意识。如果这两种品质都能很快想到，就说明你在进取和防御这两个方面的动机都比较强烈。你的确不一定只具有一个主导性动机（虽然大多数人是这样的）。

一个主导性动机关注点

上文已经提到，人类生来就追求养育和安全，你可能想知道，为什么你（和其他人）最终会把关注点更多地放在某一个特定方面。对于这一疑问最有可能的答案是，这与你的成长经历有关。

你可能会认为，进取型动机导向是自己一直以来受到奖励的结果（比如，早年生活中的愉快经历），而防御型动机导向是因为自己常常受到惩罚（比如，早年生活的痛苦经历）……但这种想法并不正确。事实上，具有进取意识的人和具有防御意识的人所得到的奖励和惩罚是不同的。[1]

小雷的父母总是会在小雷做完一件事之后，马上赞美和表扬他。当小雷将自己在学校的好成绩带回家时，他总能看到父母脸上洋溢着骄傲和幸福，并沐浴在他们充满爱意的肯定中。小雷经常因为自己的优秀表现而得到玩具和糖果之类的小礼物，或者“可以熬夜一次”这种特殊福利。当他的成绩不那么优秀时，他会感到这种氛围瞬间消散了，父母会摇摇头、叹叹气，看起来很失望，然后继续他们手头的工作，只留小雷一个人待着，空虚而孤单。这是一种典型的进取型动机导向的养育方式，当孩子表现良好时，他会得到满满的爱与赞赏，而当孩子表现不佳时，原本的关爱与关注会被父母撤回。像小雷一样在这种养育方式下成长起来的孩子，会把实现目标看作获得父母（后来泛化到其他人）的爱与认可的机会。生活变成了朝着实现理想以及取得令人称赞的成就而行事的过程。

小乔恩的成长经历与小雷非常不同。父母对他的行为表现有着很高的期望，小乔恩如果辜负了父母的期望，马上就会受到批评。父母无法容忍小乔恩偶尔的发挥失常，他们有时会冲他大喊大叫，大多数时候会惩罚他，让他多做家务，少玩耍，不准他看电视。当小乔恩把自己在学校的好成绩带回家时，家里一切都好，平静而祥和。他的父母会感到满意，他的日子也会好过一些。小乔恩就是防御型动机导向的养育方式的产物，表现不佳时会受到批评或惩罚，表现良好时就意味着风平浪静、一切都好。像小乔恩一样在这种养育方式下成长起来的孩子，会把实现目标看作回避父母（后来泛化到其他人）的指责和保持安全的机会。生活变成了履行责任和义务，以满足他人和维系融洽氛围为目标而行事的过程。

当然，父母并不是我们形成进取型动机导向还是防御型动机导向的唯一影响因素，我们的性格也会对此有所影响。例如，如果你从小就是容易紧张的性格，那么你很可能趋向于具有防御意识。但也可能是你从小的紧张性格影响了父母与你的互动方式，父母会倾向于以一种使你更具有防御意识的方式来与你互动。[2]你在成长中所接触的文化以及你的工作环境也会影响别人对你的反应，进而使你有更强的进取意识或防御意识。

例如，研究表明，平均而言，美国人比东亚人更具有进取意识。[3]因为美国文化崇尚独立，强调个人成就的重要性，所以它培养了个体一种进取型导向的心态。“美国梦”实际上是一个关于进取型动机的故事——颂扬那些志存高远、敢于冒险、追求成就的无畏开拓者。这就是为什么我们崇拜像史蒂夫·乔布斯（Steve Jobs）这样的创新者，像奥普拉·温弗瑞（Oprah Winfrey）这样白手起家的成功人士，以及像艾琳·布罗克维奇（Erin Brockovich）这样的打破常规者。（你可以快速回想一下，有没有一部电影是赞扬一个小心谨慎、避免风险，属于防御型动机导向的人的。可能再多花些时间也很难想到。）从美国建国之日起，美国的自由就意味着“追求幸福”，而不是“追求安稳”。

相比之下，东亚文化更强调相互依存，重视各自所属的群体（比如家庭）而不是个人。当人们从他们对其所属群体应尽的义务和责任的角度来考虑自我和目标时，他们会更偏向防御型导向，其中包含自我牺牲和对他人负责等。这种文化孕育出了孔子思想，推崇对家庭忠诚、尊敬老人、自我牺牲，甚至催生了“虎妈”教育。

如果你曾经在一个你非常有认同感的团队中工作，你就能够感受到相互依赖是如何影响你的。你不能只考虑最终的结果会怎样影响到自己，不能只考虑个人的成就，而会觉得自己对别人是否幸福至少负有一部分责任。有时你会觉得为了团队的利益而做出自我牺牲是一种责任，你不想做出任何拖累团队的事情，因为你知道这样做会让你感觉非常糟糕。你想成为别人可以依靠的人，这就是防御意识所关注的问题。（举出团队的例子是为了特别说明，即使是在美国，人们的防御意识有时也会比进取意识更强。）

关注点随情境而变

在你了解到人们存在主导性动机关注点之后，你会很容易把事情简单化，认为人们是进取型导向还是防御型导向取决于他们一直以来受到的不同的激励方式，而正如我们所指出的，事实远非如此。

例如，人们在不同的生活领域会有着不同的主导性动机，这并不罕见。在工作上，你可能更偏向进取型，但在家庭和财务上，你更看重的是避免麻烦。而且，就算你天生谨慎，但如果你的爱人一谈到跟孩子有关的问题就忧心忡忡，那么你可能会发现，为了更好地平衡这种情况，自己在孩子的养育方面也会更偏向进取型。

然而，即使你只有一个主导性关注点，当你发现自己当下所处的情况或环境需要其他的关注点时，你仍然会频繁采用其他的关注点。当下的情况如果得失分明，就会触发与之相契合的动机导向。在等待医生给我们检查结果的时候，我们都是防御型动机导向；在公布中奖彩票号码的时候，我们都是进取型动机导向。（赌博是最典型的进取型导向，因为这是为了赢钱，为了“中头彩”。如果特别不想输钱，你就不会玩轮盘赌了……你只需要把钱存在银行或者藏在床垫底下就可以了。）当你的老板给销售业绩最好的人发放高额奖金的时候，就创设了一种进取型导向的氛围；但当他威胁说要解雇业绩最差的销售人员时，你可以感觉到每个人都切换到了防御模式。

在本书中，当我们提到进取型动机导向的人或者防御型动机导向的人，包括他们如何思考、感受和行动，以及什么对他们的影响最大时，我们所说的既适用于那些长期持有一个主导性关注点的人，也适用于那些会根据当下情境而采取不同关注点的人。不管你最后选择的是进取型导向还是防御型导向，重要的是，你要安于当下。

什么会引起你的关注

当你下班后和朋友聚在一起，闲聊今天做了什么，或者在假期做了什么的时候，你可能会觉得自己对朋友说的每句话给予了同样的关注。但事实并非如此，不管你自己有没有意识到，你都只会关注他故事中的某些特定信息——那些与你的关注点相契合的信息。

你所关注的信息有什么特点？如果你具有进取型动机，那么你所关注的就是积极的结果是否出现——你的朋友是否获得了某些东西、赢得了奖励、取得了胜利（积极结果的出现）？他是否错失了机遇（积极结果的消退）？进取型动机使我们对这类“好事”和“坏事”更加关注。例如，在一项研究中，研究人员向进取型动机导向的被试提供了一份虚构的个人信息表。随后发现，被试印象更为深刻的信息是表中积极结果的出现（例如，“我想给我最好的朋友买点好东西，因此我去商场给他挑了一份礼物”），或者积极结果的消退（例如，“我一直都想去电影院看这部电影，有一天我下班后终于去了电影院，却发现电影已经下映了”）。

防御型动机导向的人则聚焦于消极结果的出现或消退——他是否失去了某些东西、受到了惩罚、犯了错误（消极结果的出现）？他是否成功地避免了灾难、伤害、错误？他是否处于安全之中（消极结果的消退）？在上述研究中，防御型动机导向的被试更有可能记住消极结果消退的情况（例如，“因为我不想说出蠢话，所以我宁愿在课堂上什么都不说”），或者消极结果出现的情况（例如，“我在地铁车厢里被困了 35 分钟，至少有 15 名乘客紧紧地盯着我”）。[4]

我们来看一看真实的故事。乔恩和雷几乎同时结婚，他们的蜜月期只相隔几周。当进取型导向的雷度假回来之后，他向我们描述了他在热带地区度假的美好经历——温暖而蔚蓝的海水、美味的当地美食、在沙滩上一直散步；而当防御型导向的乔恩被问及他在美丽的意大利海岸的旅行时，他回忆起的第一件事情是，他在餐厅里为没有点过的面包付了很多钱。

与你的关注点相契合的信息不仅更容易被想起和被记住，而且，正如我们将在第 11 章中详细讨论的那样，这些信息对你来说通常更有说服力。当葡萄汁被表述为积极结果的出现（提供能量）时，它对那些进取型导向的人来说更有吸引力，而当葡萄汁被表述为防止消极结果的出现（降低癌症风险）时，它对防御型导向的人更有吸引力。[5]同样，防御型导向的消费者更加关注产品的可靠性，而进取型导向的消费者更想了解产品的各种性能。[6]

你的主导性关注点也会影响你如何衡量其他消费者的意见。当你在亚马逊网站上浏览产品评论时，你有很多选择，你可以直接查看五星评论或者一星评论，也可以随机阅读各种评论。一项研究表明，如果你是进取型导向（或者你正在浏览一款进取型的产品），你会倾向于阅读那些正面的评价，并且认为这些评价很有说服力。对防御型导向的消费者（和防御型的产品）来说，负面评价更受欢迎，也更有说服力。[7]（如果你在销售一款很明显是进取型导向或者防御型导向的产品，现在你就知道应该分别关注哪些评论了。）

发射光子鱼雷

在许多现代科幻冒险电影中，通常会有两股势力为了生存或者获得统治权而进行殊死搏斗，事情往往以惊人的规律性不断发生——其中通常有一个人的工作是决定何时发射光子鱼雷㊀。或者，如果你喜欢更为老派的风格，你也可以把“发射光子鱼雷的人”换成“发射火焰箭的中世纪弓箭手”或者“追求正义的头发斑白的老枪手”。

想象一下，如果你是被赋予这个艰巨任务的人，在盯着星际飞船的监视器（或是“在盯着雾蒙蒙的荒原的遥远地平线”）几个

㊀ 科幻剧集《星际迷航》中虚构的一种武器。——译者注

小时之后，你突然看到了一些东西，至少你觉得自己看到了。那只是昙花一现，设备也不太可靠，你不能确定你所看到的是敌人，还是一些没有威胁的事物，比如小行星、一些太空垃圾，或者可能只是你眼花了。这时你要做出选择——发射光子鱼雷，让所有人进入战斗模式，或者不进行任何操作，静观其变。

根据你所做出的不同选择，最终会出现四种可能的结果，其中两种是正确的，两种是错误的——可能来者的确是敌人，你发射了光子鱼雷，这会让你成为战斗英雄；或者你发射了光子鱼雷，但其实并没有什么威胁物，这可能会让你的同伴对你非常生气，你白白浪费了一颗光子鱼雷，毕竟光子鱼雷也不是随随便便就能从树上长出来的；你可能没有进行任何操作，正确地做出了前方没有敌人的判断；或者你没有进行任何操作，在自己的飞船即将爆炸的一瞬间，你才意识到自己判断失误了。

心理学家将这一类挑战称为信号检测（signal detection），其目标是成功地将“信号”（敌人）与“噪声”（无威胁的事物）区分开来。换句话说，你到底有没有看到敌人？你看到的真的是敌人（信号），还是只是太空垃圾（噪声）？如果你判断那“是”敌人，而且判断正确了，你就“击中”（hit）了信号；如果你判断那“是”敌人，但判断失误了，你就“虚报”（false alarm）了信号；如果你判断那“不是”敌人，而且判断正确了，你就“正确否定”（correct rejection）了信号；如果你判断那“不是”敌人，但判断失误了，你就“漏报”（miss）了信号。

如果负责发射光子鱼雷的人恰好是我们的同事雷，遇到这种情况，他很可能会发射光子鱼雷。这是因为当人们追求进取型目标时，他们会对击中信号的可能性特别敏感，真的想要去实现目标。比如，你想做煎蛋卷，就必须打些鸡蛋，并承担不小心把一些碎蛋壳也打进去的风险。一个进取型导向的人更愿意“虚报信号”，而不愿意“漏报信号”。对他们来说，没有什么比错失机会更难过的了（例如，来者真的是敌人，却没有选择射击），因为这意味着达成某些目标的机会被浪费了。因此在这种情况下，他们会做出“是”的判断。（这里指的是正确答案并不明晰，但你必须选择其中一方的情况。如果是在一部浪漫喜剧中，进取型导向的人可能会嫁给一位其实可能是国际通缉犯的英俊而神秘的陌生男人。）

进取型导向的人身上通常存在心理学家所说的宽大偏差（leniency bias）或风险偏好（risky bias），他们不仅会更多地“击中信号”，也会更多地“虚报信号”。他们更有可能击落敌方的飞船，但也更有可能开枪射击友军的飞船。

然而，防御型导向的人通常都很谨慎，在不确定的情况下，他们的首选判断为“不是”。如果乔恩是负责操纵光子鱼雷的人，那么他不会选择发射，除非他确定自己真的看到了敌人。他不会冒险犯下错误，让自己看起来像个傻瓜。有防御意识的人常常“漏报信号”（例如，在向敌方飞船开火前犹豫不决），但不愿意“虚报信号”（例如，为向友军飞船开火而承担责任）。防御型导向的人常常想要避免冒险和“虚报信号”，当他们处于安全之中时，他们会具有心理学家所说的保守性偏差（conservative bias），不会冒险让自己脱离安全之地。因此，在电影中，一个防御型导向的人不会嫁给一个有所伪装的恶棍，不过这个人可能就不会成为电影中的主要角色了。

值得注意的是，当防御型导向的人认为自己已然处于危险之中，比如当他们已经被敌人击中时，他们就不再那么谨慎了。当灾难来临时，他们也会做所有必要的事情，承担所有风险，只为再次回到安全状态。如果认为自己处于危险之中，他们是最有可能不断发动射击的人。但这只是在极端情况下，在日常生活中，他们会坚持自己谨慎而保守的风格。

以上这些例子是为了让你对进取型导向或是防御型导向的人所采取的不同策略有一些认识。一般来说，进取型动机是通过使用“热切策略”（eager means）来实现的，即通过不错失机遇、不忽视机会来确保得到进取、获得利益。进取型导向的人在做决定时喜欢考虑哪些事情可以做得好（有利因素），而不是哪些事情可能会出错（不利因素）。当他们想象自己会取得成功——“全速前进”，驱除所有自我怀疑的想法时，他们的动机会更为强烈，也会更加投入于自己所做的事情中。他们想要做出所有努力，让事情步入正轨，即使有时候也需要做一些错事。他们倾向于考虑更多替代方案，以便不错过任何一个“击中信号”的机会。如果生活是一场足球比赛，他们将全力进攻，试图为自己的球队赢得分数、取得胜利，即使这意味着他们偶尔会犯下可能会被对方利用的错误。（如果双方都具有进取型动机，这将是一场难分伯仲的精彩比赛。）

防御型动机常常通过使用“警惕策略”（vigilant means）来实现。警惕策略是指通过保持谨慎和避免犯错来保护人们所拥有的东西。防御型导向的人喜欢在认真思考哪些事情可能出错（不利因素)，而不是哪些事情可以做好(有利因素)之后，再做出决定。当他们想到自己如果不够小心就可能会失败时，他们做事会更有动力，更为投入。事实上，对于防御型导向的人来说，当他们对自己的成功感到很有信心时，他们的警惕性会降低。为了保持自己所需要的警惕性，他们会思考自己应该做些什么来确保一切正常。他们喜欢制订现实的计划并坚持执行，而不去考虑太多的替代方案，因为他们认为其他的替代方案都有着犯错的潜在风险。如果生活是一场足球比赛，他们将采取强有力的防守策略，通过阻止对方进球来赢得比赛，通过确保零失误来避免因犯愚蠢的错误而输掉比赛。(如果双方都是防御型导向，那就找一款可能有点儿无聊的低比分游戏吧，除非你是防守策略的狂热爱好者。)

兼顾两种动机关注点

你想要减肥并一直保持好身材吗？你想要戒烟并且再也不吸烟了？你想要开始定期锻炼身体，并一直坚持锻炼？如果想要实现以上的目标，你既要有进取型动机，也要有防御型动机，因为对于这些健康目标来说，这两种动机适用于其不同的阶段。

进取型的心态会引发人们产生一种策略性的热切，当你开始追求新的目标时，你真的会对其充满热情，这是你开始做出努力去减肥或戒烟时所需要的，想象中的巨大收获能够帮助你实现目标。但是，一旦涉及需要长期保持良好的健康习惯时，这种热切的心情就不再适应良好了，这时候你需要的是保持警惕，以免再次陷入旧有习惯中。在你成功达成某个目标后，防御型导向对于维系这种成功是非常关键的。

举个例子，在两项关于戒烟和减肥的研究中（这些都是很常见的新年计划），强烈的进取型动机预测了在最初 6 个月内更高的戒烟率，以及更好的减肥效果；而强烈的防御型动机预测了在接下来一年内更高的戒烟率和更好的身材保持效果。[8]

因此，如果你是一个强有力的起跑者，但发现随着时间的推移，你已获得的收益都在不知不觉中慢慢消散了，那么你可能需要一些防御型思维。然而，如果你在追求一个目标的初始阶段就很难让自己做好迎接挑战的准备，那么你需要多多发展进取型导向。（如果你发现自己很难拥有某个动机导向，你可以阅读第 8 章来掌握一些方法，在自己的动机关注点上做出改变。）

失败时有发生

有时候事情并不能如你所愿：也许你没有得到自己所期望的加薪，或者你就是没办法控制自己在深夜吃零食，也许你负担不起度假的费用，或者你上周五一起约会的对象至今还没有联系你。这些挫折会如何影响你？你有着怎样的感受？这些问题的答案在很大程度上取决于你的主导性动机。

当进取型导向的人受到打击时，比如表现不佳，这对他们的自尊（self-esteem）会产生直接的影响。一般来说，进取型导向的人会关心能否拥有高自尊（即积极的自我概念）。正如你所预料的那样，失败会导致他们对自己和自己的能力产生消极的看法。此外，他们认为失败是积极因素的消失——没有赢得胜利，没有被爱、被赞赏，没有获得奖励，因此他们会体验到低能量的、与沮丧相关的情绪：悲伤、抑郁、低落，等等。

防御型导向的人往往不太关心自尊，而更关心自我确定性（self-certainty）。换句话说，他们想要确定自己的自我看法是正确的，无论它是积极的还是消极的。当他们（出乎意料地）表现失常时，他们会觉得自己像个陌生人，让他们最为不安的是对自己的自我认识缺乏信心。[9]（需要注意，无论是进取型导向的人还是防御型导向的人，都不想贬低自己或对自己感到不确定，他们只是在各自更为关注的问题上有所不同。）防御型导向的人将失败感知为消极因素的出现——承受损失、处于危险之中、受到惩罚，因此他们会体验到高能量的、与焦虑相关的情绪：紧张、焦虑、担忧，等等。

请注意，如果我们是进取型导向，那么当我们成功时，我们会感受到能量高涨、热情洋溢，换句话说，这时我们对事情的投入程度是最强的。然而，如果我们是防御型导向，那么当事情发展得并不顺利时，我们才会最警觉，对事情最投入。我们将在下一章继续讨论这一重要的区别。

现在你已经理解了为何有人是进取型导向、为何有人是防御型导向、它们是如何影响我们所关注的信息和取得成功的策略的，以及我们对此有怎样的感受，现在我们就来看看它们是如何影响我们在每个生活领域中的实际行为的。在接下来的章节中，你将看到在工作场所和学校课堂中，进取型导向与防御型导向有何不同。你将了解到具有这两种动机的人各自是如何与人合作、养育子女、做出决策的，以及他们有着怎样的世界观。进取型导向还是防御型导向影响了你如何看待它、感受它和实践它。

第2章

FOCUS

乐观不适用于悲观主义者

大多数人都喜欢乐观主义者。积极的人生观被广泛推崇，人们认为它能够治愈一切，在美国尤其如此，“我能行”的人生态度被视为成功的必要条件。因此，许多吹捧积极具有强大力量的自助类图书毫不意外地成为畅销书，而所谓的“吸引力法则”认为，如果我们清除心中的“消极情绪”，好的事情就会逐渐在我们的生活中“显现”出来，这一信念吸引了很多人的关注。

这些听起来都很不错。毕竟，积极思考是很有趣的！还有什么能比想象你所有的梦想都实现来得更美好而愉悦呢？（坦率地说，思考那些消极的事情一点儿也不好玩，比如我们可能会面临的障碍，或者人生道路上可能出现的差错。这是毫无疑问的。）能够通过思考让人兴奋的、快乐的想法来实现健康、富有和被人深爱这些目标，这件事对人有一种天然的吸引力。吸引力法则让你能够拥有蛋糕，还能吃到它，或者至少当这一法则奏效的时候是这样。（更准确的说法是，它能够让你想象吃蛋糕的感觉，唯一的不确定性就是当你真的拿到蛋糕后发现它并不是自己喜欢的口味。）

有很多积极的思考者并不认同这样的想法，他们只是一般意义上的乐观主义者。通常来讲，乐观主义是相信好事会发生，坏事不会发生。它通常能够通过评估你对以下陈述的反应来进行衡量：[1]

在我不确定的时候，我通常会期待事情产生最好的结果。

我总是看到事情积极的一面。

事情从来都不按照我想要的方式发展。（乐观主义者并不相信这一点。）

虽然吸引力法则在科学界没有很受欢迎，但乐观主义本身的名声很好，而且有着充分的理由。许多研究表明，与悲观主义者相比，乐观主义者的身体更为健康，从疾病中恢复得更快；他们更容易适应变化，也更有可能积极地处理问题；他们有着更令人满意的人际关系，更愿意接受互惠互利的折中方案。一般来讲，乐观主义者比悲观主义者更有可能实现自己的目标，这在很大程度上是因为当遇到挫折时，他们不会过早放弃。

因此，与悲观主义相比，乐观主义在某些时候对于某些人来说确实是一件非常好的事情。很多自助类图书中出现的坚持不懈地追求积极与乐观的人（以及商业、教育和养育领域的专家们）

不会提到悲观主义这个问题，这可能是因为他们没有意识到自己只讲了故事的一半。正如我们的研究所表明的，对于某些人来说，确保成功的最佳方式实际上是承认自己可能会失败。

通过想象失败来自我激励

通过想象失败来进行自我激励，这的确让人觉得有些违背直觉。毕竟，这听起来不像是种敢作敢为的精神。如果我们想要获得成功，不就是应该消除自己的消极思维吗？

如果你是防御型导向，或者正在追求一个防御型导向的目标，你就不需要消除自己的消极思维。因为如果你是防御型导向的人，乐观不仅会让你感觉“不对”，它实际上还会扰乱和削弱你的动力。如果你确信每件事都能让你如愿以偿，那为什么还要努力避免错误、计划好如何绕过障碍，或者想出替代方案呢？这些看起来就像是浪费时间和精力的事情。如果一切都能得到解决，那就放松一些，不要紧张。

另外，如果你是防御型导向，就不能放任自己轻松一些。乐观的心态会让你失去完成工作所需的警惕性，而避免犯错误和为可能出现的问题做好准备才是你认为自己应该注意的事情。这无疑是许多有防御意识的成功人士一直以来的直觉，他们一直在默默地抵制积极的召唤，认为（也许是无意识地）这种思维不适合自己。让我们来举个例子。

在我们与动机科学中心的同事延斯·福斯特（Jens Förster）

和洛林·陈·伊德松（Lorraine Chen Idson）进行的一项研究中，被试需要解答一组字谜（例如，NELMO，不必用上所有五个字母，可以是 elm，one，mole，omen，lemon，melon，等等）。所有的被试都被告知，如果他们在字谜游戏中表现良好，他们就可以挣到更多的钱。然后我们操纵他们的动机导向：研究人员告知处于进取型导向的实验条件中的被试，他们现在能够得到 4 美元，而且如果他们的表现优于 70% 的被试，他们还会额外得到 1 美元；而研究人员告知处于防御型导向的实验条件中的被试，他们现在能够得到 5 美元，但如果他们的表现并未优于 70% 的被试，他们就要交出 1 美元。

我们能够清楚地看到，被试在表现不佳的时候会得到 4 美元，如果表现很好就会得到 5 美元，这一激励机制是完全相同的，“优于 70% 被试的表现”是每个被试的绩效目标，有所改变的只是它的呈现方式（在心理学中称为框架理论——成功地得到 5 美元，意味着你要争取获得 1 美元（进取型导向），还是避免失去 1 美元（防御型导向）。

回到实验中。在字谜游戏进行到一半的时候，我们会对每位被试做出反馈，告诉他们到目前为止，其表现是否达到“优于 70% 被试的表现”这一目标水平。（在这里并不考虑他们的实际表现，只是随机分配他们去听到好消息或者坏消息。）被试会被引导着去认为自己正处于成功的道路上，或者处于失败的可能之中。根据这些反馈，我们测量了被试的动机强度及其对成功的期望程度的变化。

正如我们所预料的那样，在听到积极的反馈之后，进取型导向的一组被试对成功的期望程度大幅上升，他们的动机强度也随之上升。他们会想："我做得很好！我一直在进步！太好了！"当然，谁不会这样想呢？而当防御型导向的一组被试得知自己做得不错时，他们对成功的期望程度并没有发生任何改变，而动机强度实际上反而下降了。他们会想："看起来我没做错什么事，不用过于担心。不妨放松一下。"

如果被试听到的并非好消息会怎样呢？在收到负面的反馈之后，进取型导向的一组被试对成功的期望程度有所下降，动机强度也有所下降。他们会想："嗯……似乎情况并不太好，真是令人沮丧。要是我最后还是只能得到 4 美元，我为什么还要努力呢？不妨省些精力花在别的事情上，这样我就能在……上有所增益了。"

然而，防御型导向的一组被试立刻注意到了这一点，他们的期望程度大幅下降了。这些被试非常确信自己会失败，除非付出更多的努力来改变现状。他们的期望程度下降了，或者更准确地来说，正因如此，被试的动机强度才得以激增。他们会想："哎呀，我要输掉 1 美元了！这样不行，我必须尽我所能避免这件事发生！"

在感觉自己表现良好时，进取型导向的人就会继续前进。乐观和自信增强了他们的热切程度，他们的动机强度和表现水平也会得到激增。也许我们那位进取型导向的同事雷让人最为印象深刻的就是他那"一切都会好起来"的人生态度。他一直怀揣着这种人生态度（包括那次为了欣赏爵士乐，在深夜"不远万里"走过危险的街道)，这至今对他都很有帮助。

然而，当事情进展得不太顺利的时候，防御型导向的人则会主动出击。失败的可能性增强了他们的动机，也使他们的表现水平得以提升。我们的同事乔恩就是一个防御型导向的人，当他为工作中的每一个细节而感到烦恼时，看上去他就像是在毫无必要地自我折磨，但他自己心里明白，“杞人忧天”才是最适合自己的生活方式。(如果乔恩面临上述例子中的情况，你会发现，就算你配备一整支特警队来保护他，他也不会让自己靠近可能存在危险的街道半步。)

要真正理解乔恩和其他防御型导向的人的内心世界，重要的是要认识到，他们并非传统意义上的悲观主义者。他们不相信自己会失败，甚至没有考虑过这种可能性。他们一直告诉自己的是，自己会失败全是因为自己不够细心、不够努力。他们的动机是，想象要是现在自己不做那些必须要做的事情，未来就可能经历挫折，在许多文学作品中，这被称作防御型悲观主义(defensive pessimism)。悲观主义，是指预感自己会失败。无论人们是防御型导向还是进取型导向，这种悲观主义都会削弱人们的动机。事实上，许多文学作品都表现出了乐观主义者往往会有好的结局。许多研究将乐观主义者和悲观主义者进行了对比，很明显，悲观会削弱人的动机，而乐观并不总会增强人的动机。当人们是进取型导向时，他们的动机也并不总会得到增强，但对于防御型导向的人来说情况就大不一样了。

你擅长实现哪些目标

使用这一量表来回答以下问题：

1	2	3	4	5
从不或很少		有时		经常

1. 有多少次你完成了让你“兴奋”地投入更多努力的事情？
2. 你遵守父母定下的规矩的频率如何？
3. 在不同的事情上，你常常都能做得很好吗？
4. 你觉得自己已经在人生成就方面取得了很多进展。
5. 在成长的过程中，你是否避免“越界”，不去做父母不让你做的事情？
6. 有时候，你会因为自己不够小心而惹上麻烦。

你的进取成就得分 = Q1 + Q3 + Q4

你的防御成就得分 = Q2 + Q5 + [6−Q6（反向得分）]

以上这些问题是由动机科学中心的成员所开发的，目的是找出在进取或防御方面有成功经验的人，我们称之为进取自豪感和防御自豪感。如果你在进取或防御中的某一个方面得分较高，或者在这两方面得分都很高，那么这意味着你是一个“懂得”如何利用自己的动机关注点的人。在这两方面得分都很高是很有可能的，这说明你了解如何有效地进行进取和防御，即使你可能主要是进取型导向或是主要是防御型导向。当然，也有可能你在这两方面的得分都很低，如果你是这种情况，那么阅读本书会对你非常有帮助。为了有效地进行进取或防御，你需要学会如何策略性地运用你的观点。

用正确的心态做正确的事情

如果你是进取型导向，要想其有效，你就需要以一种充满热切的心态去追求目标，让事情以你所期望的方式发生。乐观的心态能够促进你的热切程度，因此它适用于进取型导向的人。换句话说，乐观能够滋养并增强进取型动机，使人们更好地实现进取目标。如果你正处于雄心勃勃的状态或是要冒很大的风险，一剂积极思考的良药能够为你提供所需。

然而，如果你是防御型导向，要想其有效，你就需要以一种警惕而谨慎的心态去追求目标，让事情按部就班地发生。为了实现有效防御，我们需要抑制自己的乐观情绪，培养适度的怀疑精神，以帮助自己保持警惕。"也许这并不管用"的心态能够增强防御型动机。拥有更为现实而非单纯乐观的观念能够提高你的警觉性，因此它适用于防御型导向的人。当你需要保持警惕，比如要履行责任或避免危险的时候，无论你过去有着怎样的成就，你都会告诉自己不要过于自信。

那些具有进取自豪感或者防御自豪感的人都有着充分的理由来保持乐观，他们都能够很好地完成工作。**但防御型导向的人知道自己不能总是保持乐观，他们会尽可能少地把时间花在沉溺于过去的成功上。**[2] 当他们为一项需要完成的任务进行准备时——

比如一场演讲、一场考试或者其他的挑战，他们会设定较低的期望，忽视自己过去的种种成就。他们心里会想："虽然到目前为止我的化学成绩都是A，但这次考试可能会更难一些，我可能会考不好。"有时候他们甚至会把这些话明目张胆地说出来，这往往会激怒一些同学用小东西来砸他。

防御型导向的人会设定较低的期望，他们会在脑海中不断回放和预演所有可能出错的情况，并为各种可能性做好准备。因此，他们最终的表现和进取型导向的乐观主义者一样出色。如果你试图阻止他们以自己防御型的悲观心态做事，他们的表现会差得多。[3]

在适当的情况下，比如在一个需要仔细计划并尽职尽责的情境中，具有防御自豪感的人甚至可以比那些具有进取自豪感的乐观主义者表现得更好。我们只需要了解一下经济衰退以及导致这一衰退的抵押贷款危机事件，就能理解这一现象了。当房价不断上涨时，人们只有在一切顺利的情况下才会选择他们能够负担得起的抵押贷款（许多抵押贷款经纪人会打包票说不会有什么问题）。在这种情境中，防御型导向的人会想："要是将来出现什么困难怎么办？"而最终免于失去住所和信用受损的痛苦。

历史书籍和新闻节目中充斥着各种过度乐观的例子。没能认真考虑事情会不按照计划发展的可能性，这已经产生了许多深远的后果：原本预计很快就会结束的战争，结果旷日持久，民众伤亡惊人（比如越南战争、伊拉克战争）；本可以通过制订合理的计划来得以避免的许多人道主义危机（比如卡特里娜飓风、福岛核灾难）；当然还包括不计后果和不负责任的投资所导致的经济崩溃

(比如次贷危机、经济大萧条)。

防御型的悲观主义有着很强的力量，思考未来的障碍和可能出错的事情（有些人可能将其贬低为“消极的想法”）会让你在追求防御这一目标时具有切实的优势。想要保护孩子安全的父母会在任何不好的事情发生之前检查家里是否存在潜在危险；每年定期做健康检查的成年人更有可能在早期发现问题，这大大增加了疾病得以治愈的概率；认真对待竞争对手的商业领袖能够更好地预测自己的行动，并一直在竞争中保持领先地位。

无论是讨论你自己的还是别人的防御动机，关于防御型导向最为重要的事情（也是令人最难接受的事情）之一，就是尊重他们轻微的悲观主义或者怀疑主义，尽量少对他们说那些鼓励的话语。他们的悲观是出于战略考虑，他们知道自己在做什么。(而且，正如我们前面所提到的，他们并没有认为自己会失败，那样会削弱他们的动机。相反，他们会经常想，要是自己不做些必要的事情来避免失败，自己就真的可能走向失败。这种“要是不……就……”的思维激励他们去做必要的事情。) 只有当我们学会理解和尊重这两种自我激励方式时，我们才能帮助自己和我们关心的人尽可能提高效率。

因此，下次当你想要鼓励防御型导向的朋友或同事，试图让他变得乐观一些时，你可能要重新考虑一下自己的做法了，你所做的可能弊大于利。(如果你是防御型导向的人，那么下次有人跟你讲“放轻松”或者“我相信你能做好”的时候，不要放在心上，你知道自己在做什么。)

乐观主义者不是更幸福吗

如果你所说的“更幸福”是指他们更开心、更有活力，那么乐观主义者的确更为幸福。但如果你所说的“更幸福”指的是他们的生活更有意义、心理健康状况更好……事情就没这么简单了。大众媒体和心理自助行业（以及在某种程度上的心理学本身）都将“幸福”作为人类所追求的终极目标，可坦白来讲，这种认知过于狭隘了。并非每个人都是乐观和情绪高涨的（心理学家称之为“高积极情绪”），但这并不意味着他们的生活不充实。这也是积极心理学之父、《真实的幸福》（*Authentic Happiness*）一书的作者马丁·塞利格曼（Martin Seligman）在他的新书《持续的幸福》（*Flourish*）中所提出的观点。

> 对幸福的情绪观将世界上 50%“低积极情绪”的人置于不幸福的地狱中。即使他们的生活中没有那么多快乐，这一半低情绪的人也可能比快乐的人更全身心地投入生活，体会到更多的人生意义。

塞利格曼所提到的这些有着“低积极情绪”的人毫无疑问是那些将防御作为主导性动机关注点的个体。当防御型导向的人成功时，他们可能不会为之欢呼雀跃，但对他们来说，宁静而平和的感觉可能与兴奋而快乐的感觉一样令人满足。毕竟，全世界有数百万人练习冥想，他们都是为了寻求平静，而非快乐。重要的是，即使防御型导向的人不允许自己长时间感到平静和放松，但为了恢复警惕性，他们仍然可以通过设法开启防御模式而感到幸福[4]。

如果幸福和快乐不是一回事，那么幸福究竟是什么？人们想要的究竟是什么？心理学家在过去所给出的答案——至少可以追溯到弗洛伊德时代——是“趋近快乐，回避痛苦”，这显然是有一定道理的。但与此同时，单纯的“趋近快乐，回避痛苦”并不能真正诠释全身心投入的、有意义的存在。正如希金斯在他最近出版的关于动机的图书《超越快乐和痛苦》（*Beyond Pleasure and Pain*）中所论述的那样，人们真正想要的是效能感——能够明辨是非、对事情有一定的掌控能力，并实现想要达成的目标。我们希望能够与自己周围的世界产生互动，能够理解和掌控它，最终达成自己的目标。

如果人们想要的只是最大限度地享受快乐、避免痛苦，那怎么会有人为了参加奥运水平的比赛而艰苦训练多年，甘愿做出种种个人牺牲呢？如果生活就是为了享乐，怎么会有人为了他们所爱的人、他们的社区、他们的国家而牺牲自己的生命呢？他们的人生意义并非为了单纯享乐，他们所做出的都并非令人愉快的选择，而是有效能感的选择。最后我们能够渐渐理解，效能感的作用就在于，无论你做什么，它都能让我们感到自己的生活很有价值。

因此，进取型导向的人并不一定比防御型导向的人生活得更好，因为无论拥有哪种动机，你都能体验到效能感（或无效能感）。我们发现，那些具有高度的进取自豪感或者防御自豪感的人，即那些在追求目标时有着高效能感的人（乐观主义者或者防御型悲观主义者），他们通过采取积极的、以问题为中心的应对方式，能够比在这两方面有着低自豪感的人更好地处理问题。换句话说，当出现问题时，这两类人都会采取行动来解决问题，他们都报告了较少的情绪问题（如临床抑郁、严重焦虑、躯体化症状等）。很明显，虽然乐观可能对某些人来说是幸福的关键，但这一点并非适用于每个人。我们每个人都会在某些时候更偏向防御型导向，有时候乐观并不是令我们体验到较高效能感的关键，比如当我们领着一个两岁的孩子过马路的时候。对我们所有人来说，有时候比起乐观的进取，我们更需要现实的防御。

（请注意：在许多研究，包括我们的一些研究中，有防御意识的人在传统的幸福感指标上得分并不高。正如我们在研究中所发现的，这与衡量幸福的方式有很大关系，问题通常都集中在自信和自我接纳上。防御型动机使人们不愿意明确承认自己做得很好，因为他们害怕自己的警惕性会降低，因此，他们看起来不如那些进取型导向的人幸福。然而，他们可以很高兴地向你讲述他们过去是多么成功，或者他们在履行职责和义务方面的效能感有多高。关键在于你如何提问。）

如果你通常都是热切地前进，你应该拥抱乐观；如果你是更为谨慎的类型，你应该尽量回避乐观，而采取更为现实的怀疑主义，是这样吗？是这样，也不是这样。要知道，我们每个人都同时拥有这两种动机，即使是最为进取型导向的人，也可能会在所爱之人得了重病时转向防御型导向；即使是防御型导向的人也愿意在假期多去冒险和享受快乐。为了最大限度地提高效率，你需要将自己的观点与眼下的活动或任务相匹配。大多数时候，它们会与你的主导性动机关注点相匹配，但并不总是这样。要知道，乐观主义或者防御型悲观主义不是一种特质，而是一种工具。

在某种程度上，很多成功人士会凭直觉做出这种反应。心理学家称之为“预测偏好”（forecasting preference）——战略性地选择一种展望未来的方式，以最大化自己的表现，或者为未来做好准备。[5] 当你试图做出创新或者拥抱风险的时候，保持乐观是一个很好的选择，这种心态能够给你带来很多收获。但是对于防御型悲观主义者，对于这些总是在思考事情会如何出错的人来说，当他们的最高优先级是保证自己的安全时，防御型导向的确是更好的选择。就像俗语“抱最好的希望，做最坏的打算”所说的那样，你可以同时关注这两个方面。

第 3 章
FOCUS

工作中的两种关注点

乔恩通常是早上第一个到达动机科学中心实验室的人，他会打开所有的灯，然后进入自己的私人办公室，把自己办公室的门关起来，这样在工作时就不会被同事分心。他常常会制订条理清晰的日程表和每日待办事项清单。有同事向他借阅某本期刊的某篇论文时，他可以在十秒钟内从他按作者名字分类整齐的文件柜里的数百篇论文中找到它。他会跟你说："读完一定要记得把论文还给我，我以后可能会需要它。"如果你忘记归还，他就会来找你，因为他对借给没那么谨慎的研究同事的所有东西都做了详细的记录。

然而，雷则会在中午时分开心地溜达着来上班。他更喜欢在家里开始新的一天，读读书，有兴致的话也写点什么。他选择与另外三名研究人员共用办公室，因为他发现与这些同事常常在一起自发展开头脑风暴可以给大家带来许多灵感，他的一些极佳的研究想法就是在这些自由讨论中产生的。他的办公桌上到处都是文件和便利贴，还夹着一张提醒自己给母亲打电话的纸条。如果你向他借阅某本期刊的某篇论文，你最好能找个地方坐下来，因为你可能要等他找上好一会儿。（这就是为什么没人问他借阅论文的原因，大家都会去找乔恩，这都让乔恩觉得有点儿烦了。）

乔恩和雷的工作方式非常不同，一旦你意识到我们的动机关注点不仅决定了我们的强项和弱项，还决定了我们的处事方式，这就很容易理解了。能够识别和理解这两种关注点可以为你在工作中提供有价值的工具，来提高你自己和员工的效率。（教师和教练人员请注意，这些发现也能够解释人们在课堂上和运动场上所做出的行为。）

招聘的艺术

作为一名领导者或者管理者，你工作中的一个重要内容就是把合适的人安排到合适的位置上。但具体要怎么做呢？你如何能够最高效地分配项目和组织团队？你可能只会单纯地依靠自己的直觉来判断谁擅长什么，而当你与某位同事共事时间不久时，这种直觉判断很难准确。或者你可能会采取一种更为随意的方法，比如抓阄。（你可能也发现了，你不能指望前者比后者更能帮助你做出准确的判断，预测表现并非易事。）

或者你也可以借助“科学的”方法，使用一些常用的人格类型量表，比如最受欢迎的迈尔斯－布里格斯类型指标（Myers-Briggs Type Indicator，MBTI）。这一量表能够帮助你判断自己属于外向－感觉－思考－判断（ESTJ）型，还是内向－直觉－情感－感知（INFP）型，或者这四个基本维度的其他组合。这种方式肯定比抓阄好，对吧？

每年有超过200万人进行MBTI测量，其中许多是出于招聘、组建团队以及识别有领导潜力的员工的需求。关于这一测量的一个小问题是，它无法预测表现，完全不能。换句话说，知道一个人是“ESTJ”型，还是“INFP”型，并不能告诉你这个人是否真的擅长于你分配给他的某种任务。迈尔斯和布里格斯基金会实际上也并没有提出相关主张。根据其“管理伦理”准则（你可以在其网站上阅读这一准则）：“测量结果不应该被用于标签化、评估，或以任何方式限制测量者。”该网站在名为“伦理准则”的页面上写道：“测量所得的类型并不能说明测量者在这一方面先天优秀、有能力或者有天赋。”

当然，具有讽刺意味的是，这些测量结果正是管理者们需要知道的，也是他们求助于人格类型测量的原因，虽然这种调查很难预测任何有用的东西。管理者们需要了解，对于某一职位，谁能够更为胜任、更有能力、更为优秀？该如何利用对员工的了解，来预测他们在给定任务中的表现？该如何利用对自己的了解，来选择适合自己的职业？

了解在工作中是进取型导向还是防御型导向的最大好处之一是，它将为你打开一扇真正有据可依的窗口，帮助你了解一个人的优势和劣势，从而转化为表现上的明显差异。如果你是一名教师，你能够更好地了解一个孩子在哪方面可能出类拔萃，以及他是如何解决问题的；如果你是一名管理者，你会知道谁应该负责寻找新的项目机会，谁应该负责产品质量管理；如果你是一名足球教练，你会知道谁应该当前锋，谁应该做后卫。（有趣的是，职业和半职业教练凭借他们的直觉就能判断出这一点——在德国开展的一项研究表明，当半职业足球运动员和曲棍球运动员主要是进取型导向而不是防御型导向时，他们更可能适合攻击位，而不是防守位。）

那么，进取型导向和防御型导向的人各自擅长什么呢？

创新

说到创新，很难跳过我们进取型导向的同事雷。大多数研究人员的工作方式是，从已知的信息开始，将研究有条不紊地按照逻辑有序向前推进，并在推进过程中加入越来越多的细节。（“如果 A 是正确的，那么 B 也应该是正确的，我们接下来将对此进行测试。”）然而，雷喜欢颠覆前人的假设，他喜欢去往前人未曾探究之地。（“每个人都认为 A 是一个事实，”雷说，“但如果 A 并不总是正确的呢？”）

例如，几年前，雷挑战了一个几乎已被普遍接受的观念，即进步是一件毋庸置疑的好事。他想知道，在曾经失败的任务上突然（而且出乎意料地）表现得很好，是否会让人在意识不到的情况下，感到些许焦虑和不适。毕竟，人们喜欢认为自己很了解自己和自己的能力，因此惊喜——即使是好的惊喜——也可能会让人感到不安。事实证明，雷是对的，因为他之后利用一系列研究设计巧妙而新颖地证实了这一点。他冒了一些学术风险，问了前人从未问过的一个问题，最终他的努力得到了回报。

当然，并不是雷的每一个创新性想法都能成功。有时候他会花上好几个月的时间，试图敲定一个具体的实验，来证明他的一些打破常规的想法是正确的，但最终不得不承认自己从一开始就是在白费功夫。（他在工作之外的一些创新性想法也并不总是能成功——他曾经提出了一个“好”主意，让我们去参加一个聚会时假装自己是芬兰人，来“活跃气氛”。）

进取型动机——以收获来衡量目标——通常更有利于产生创造性思维。当人们是进取型导向时，他们发现自己更容易想出创造性的问题解决方法。当被问到“你能想到一块砖有多少种用途”时，他们能够更快略过那些显而易见的答案（比如，铺人行道、用作镇纸），而做出一些与众不同的回答（比如，用它来破窗入室行窃，或者用它来关掉电视，这样也就再不用看电视了）。

这些都与进取型导向的人更乐于冒险有很大关系，他们有着更具探索性的信息处理风格。他们不太担心自己的每个想法是否完美、是否可行，因此他们对更多的可能性持有开放态度。[1]事实上，他们更关心的是漏掉一个可能最终被证明是绝妙主意的“疯狂”想法。当他们确实有了令人兴奋的新想法时，他们就会坚持下去。有着充满热情的想法的支持，是进取型导向的另一个标志，这就像是有一个啦啦队员一直在支持着自己一样。[2]

然而，防御型导向的人想要的是完美无缺、万无一失的主意。他们的批判性思维有时会妨碍创造力的发挥。（有趣的是，这种情况也发生在企业层面上。当成功的公司未能实现创新时，他们表面上的自满实际上往往是一种防御性导向的战略性防御——一种通过避免风险来维护公司利益的需要。[3]）

不幸的是，进取型动机的问题在于，虽然它可能对创意的产生很有帮助，但不太适合对创意进行评估，这一点很重要，因为最终你真的需要批判性地思考自己的创意是否会真正奏效。在评估创意的质量时，防御型导向会显著提高评估的准确性。[4]

重要的是要知道，创造性思维并不是唯一一种"好的"思维。分析性思维，也就是人们根据自己所得到的信息或已知的信息，有条理地、有逻辑地得出结论的思维方式，也是一种"好的"思维。动机科学中心的同事延斯·福斯特的研究已经表明，防御型导向的人通常比进取型导向的人更擅长使用分析性思维，因为他们会认真分析自己所得到的信息，考虑透彻之后才得出最终结论，而不是省略一些步骤，最终使问题进一步复杂化。

因此，在鼓励创新时，效率最高的团队或组织都会去征求（并尊重）具有这两种主导性动机的人的意见，同时认识到，他们各自的意见会在工作项目中的不同阶段发挥价值。（在我们的团队中，雷和乔恩就是这样。雷是那种你下班后可以一起去酒吧放松的人，他会想出很多大胆的新点子，然后激动地在餐巾纸上乱写乱画。而第二天，当你把餐巾纸拿给乔恩看的时候，他会告诉你哪些想法可能行不通，哪些想法根本行不通，哪些可能就是芥末酱。如果幸运的话，他会认为其中有一个想法“很有希望落地，但机会不大”，你就选择这个想法来展开研究，它很有可能有研究前景。）

关注细节

1998 年底，美国国家航空航天局（NASA）发射了一个备受期待的太空探测机器人——火星气候探测者号。它的任务是收集大气数据，并作为火星极地着陆者号的通信中继。大约 10 个月后，它到达了这颗红色的行星，却在马上就要建立轨道的时候消失了。

它意外地比原先计划的与地球表面的距离近了 100 千米，这比它能够正常工作的水平少了 25 千米。它没有绕火星轨道运行，而是径直穿过了大气层（可能会解体），永远消失了，带走了美国纳税人的 1.25 亿美元。

后来人们发现，问题出在单位转换上。美国国家航空航天局的工程师团队使用的是米制单位，这是他们从 1990 年开始采用的标准单位。然而，洛克希德·马丁公司的工程师们帮助建造了轨道飞行器和它的导航系统，他们的工作单位是英制单位（磅[1]、英寸[2]等）。

---

[1] 1 磅约 0.454 千克。
[2] 1 英寸约 0.025 米。

当被问及这种错误怎么可能发生时（特别是这种似乎一开始就能得以纠正的简单问题），时任美国国家航空航天局喷气推进实验室的首席管理员汤姆·加文（Tom Gavin）说："在这一系统过程中，我们在检查和平衡上出现了一些问题，我们应该早一点发现并进行纠正的。"

这是一个让防御型导向的人不寒而栗的故事，他们马上就会怀疑美国国家航空航天局的实验团队没有对预防出现问题做出充分的思考。这并不奇怪，毕竟这些人是火箭科学家，他们一生都在探索太空，大概没有什么比探索太空这件事更偏向进取型导向的了。这些人可以说是"探索未知领域"的代名词。

在这个故事中，没有出现任何一个防御型导向的英雄来避免这场灾难，但这并不意味着我们的生活中就没有防御型导向的英雄，只是因为他们常常得不到人们的赞扬。**如果灾难从未发生，那么你就很难因为避免了灾难发生而得到应得的赞扬。**没有人会说："鲍勃，你把单位从英寸转换成厘米，你的这一举动帮我们省下了 1.25 亿美元，还挽救了我们的颜面，你真是太棒了！"相反，防御型导向的人会一直默默地、小心翼翼地辛苦工作，确保事情一直按照预期的方式进行。他们在努力确保你所乘坐的飞机不会在飞行途中解体、你所服用的药物没有在工厂中受到污染、你的大杯脱脂摩卡拿铁真的不含咖啡因，这样你就不会失眠到凌晨 4 点只能看天气预报了。

如果你所擅长的是保证事情的顺利进行，而且确实一切顺利，那么你的贡献就很难被人注意到，你可能无法得到与你的付出相匹配的赞扬。（除非在你之前有个人把事情搞得一团糟，这时你的出现确保了事情的顺利进行，那么人们会感激你，至少会感激你一段时间。）

防御型导向的人非常注重细节，他们会不断地发现蛛丝马迹，并记住它们。（在觉得自己可能记不住这些细节的时候，他们就会将其写在一张清单上。如果你真的很喜欢你的个人记事本，或者对你的日程安排和待办事项清单感到非常兴奋，那么你很可能是一个防御型导向的人。）防御型导向的人对任何任务都保持警惕，这使他们能够迅速发现问题，或者发现未来的潜在问题。他们看重避免损失，比如那些可能使他们的目标偏离轨道的障碍。他们比那些认为自己必须实现自己目标的人更善于抵制诱惑、集中注意力。

速度与精度

如果要给“进取队”和“防御队”匹配各自的吉祥物的话，那它们无疑会分别是兔子和乌龟。就像为了赢得比赛而跑得最快的兔子一样，进取型动机引发了人们对快速工作的偏好，进取型导向的人急切地想要到达终点，避免错失任何有所增益的机会。防御型导向的人就像行动缓慢的乌龟一样，做事谨慎、沉着、仔细，警惕错误的出现。[5]

当然，人们常常要在速度和精度这两方面之间做出权衡和取舍。你的工作做得越快，就越有可能犯错误；你的工作做得越精确，花费的时间可能就越长。这就是为什么进取队有时最终会草草了事，有些团队成员会在提交任务前忘记使用拼写检查，或者似乎永远无法正确核算自己的收支，因为记录每次花费对他们来说太费时间了。这也是为什么防御队做事的速度就像一点点漫开的糖浆一样，你不耐烦地在桌子上敲来敲去，想知道他们什么时候才能完成工作，而他们会一而再再而三地检查自己的工作。（从事法律工作的人员很多都是防御型导向，这就解释了为什么他们参与期限紧迫的项目时会感到非常恐惧。）

我们当然不会像伊索寓言中所讲的那样，说乌龟赢过了兔子。总的来说，防御队并不一定比进取队更有优势，就像精度并不一定优于速度一样。事实上，更正确的说法是，对于某些事情，你想要像兔子一样，而对于另外一些事情，你最好成为乌龟。

稳定与变化

让世界各地的经济学家都感到懊恼的是，人类并非理性的生物。但他们的行为也并不是随机产生的，正如丹·艾瑞里（Dan Ariely）在他的著作《怪诞行为学：可预测的非理性》（*Predictably Irrational*）中所写的那样，人类的行为具有一种可预测的非理性。在可预测的非理性行为中，最广为人知的一种被称为禀赋效应（endowment effect），即一旦你拥有了某样东西，它对你来说就会变得更有价值，因为它归你所有了，你不想失去它。（举例来说，这就是为什么卖房子的人总是比买房子的人觉得在售的那栋房子更值钱；以及为什么你的爱人那么不愿意卖掉已经穿破了的1988年演唱会T恤，他还总是坚持说“以后我肯定还会再穿它的”。)

研究表明，人们并不总是会产生这种行为上的偏差。当我们采用防御型导向以避免损失时，禀赋效应最有可能发生。[6]一般来说，防御型动机让我们更喜欢稳定（不损失），而不是变化（潜在损失），它让我们对中途改变的活动或策略保持警惕。另外，当我们是进取型导向时，我们更愿意把旧东西换成新东西，或者放弃我们正在做的事情去尝试别的东西，因为改变代表着有可能获得更好的东西。(这些人很乐意用他们现在所拥有的东西来换取一个未知的东西，对他们来说，获得更多收益的可能性不容错过。)

谈判

良好的谈判能力是一项强大的技能，但大多数人都并非天生具备。这是因为，谈判会带来一种几乎总是充满冲突的体验。例如，当买方和卖方在讨价还价时，买方需要以某种方式调和自己希望低价购入商品的愿望，同时他知道，如果自己出价太低，谈判可能会破裂，卖方可能扭头就走。

同样的道理也适用于薪资谈判——老板希望降低成本，同时不想让优秀的员工跳槽到薪水更高的公司。而员工希望得到尽可能高的薪水，又不想在这个过程中夸大自己的实力、惹上麻烦，或者蒙受羞辱。

在任何谈判中，取得好结果的一个关键因素都是强有力的（且可辩护的）开价，因为它将成为随后谈判的起点和参考值。在买车付钱时，你最后付的价格永远不会比你最初的报价低；在开始一份新工作时，你所得到的薪水也不会比你要求的更高。但一个强有力的开价需要你拿出一定的勇气，你需要克服所有那些理性担忧，你可能会担心自己把事情做得太过头，结果让自己难堪，彻底失败。什么样的动机能够为你提供必要的勇气呢？你猜对了，正是进取型动机。

在一项研究中，心理学家亚当·加林斯基（Adam Galinsky）和他的同事将 54 名工商管理硕士学生分成一一配对的两组，让他们参加一场关于出售一家制药厂的模拟谈判。两组学生分别被分配到“买家”和“卖家”的角色，双方都了解了交易的详细情况，包括“讨价还价的范围”——在 1700 万美元到 2500 万美元之间。

之后，加林斯基开始调控买家的动机导向，请他们思考自己“希望实现”的谈判行为和结果，以及他们如何“促进”这些行为和结果；或者他们“试图避免”得到怎样的结果，以及如何“阻止”这些行为和结果的发生。之后，每一对被试都在买方的开价基础上开始谈判。

结果，进取型导向的买家比防御型导向的买家平均出价低了近 400 万美元！他们愿意承担更大的风险，并以极低的价格出价，这给他们带来了巨大的回报。最后，以进取型动机为主的买家平均以 2124 万美元的价格购买了这家制药厂，而以防御型动机为主的买家平均以 2407 万美元的价格购买了这家制药厂。这是一件引人深思的事情——两类谈判代表，各自拥有相同的信息、面对相似的对手，但其中一方却多花了近 300 万美元。

带着进取的心态去实现一个目标可以帮助谈判者关注他的（理想）价格目标（在关于谈判的相关文献中也被称为“期望价格”）。然而，防御的心态往往会导致对谈判失败或陷入僵局产生过多担忧，使买方最终更容易签下对自己不利的协议。

创业

成功的企业家需要对许多不同的事情都很擅长——他们需要有大胆的设想与远见，在机会来敲门时抓住它，并愿意为自己的（和别人的）想法而冒险。但他们也要避免轻率行事，他们要准确地评估市场，并能够以批判性和现实的眼光来一步步地实现目标。**因此，创业成功的秘诀需要这两种动机的共同作用：进取型动机用以滋生创意、冒险、抓住机会、迅速行动；防御型动机用以评估想法、解决障碍、执行尽职调查。**[7] 创业型企业（在这一方面，老牌企业也是如此）很可能会在领导层缺乏必要的平衡性动机时走向失败。如果没有进取型动机，你的决策可能就会过于保守，无法获得巨大的回报。如果没有防御型动机，没有对事实真相的现实关注，你的绝妙想法可能会永不见天日。一个成功的企业家需要同时具备进取型和防御型动机导向，能够基于所有的情况做出最终的决定（也有少数个体企业家在进取型导向和防御型导向这两方面都做得很好)。

领导风格

好的老板是怎样的?是愿意拥抱风险和创新的,还是你可以与之建立信赖而紧密关系的?商业领袖对自己的工作方式通常都有着明确的进取型导向或是防御型导向的理念。举个例子,以下是两位成功的企业首席执行官的明智建议:

> 当你想要创新时,你必须做好准备,可能每个人都会说你疯了。
>
> ——甲骨文前首席执行官,
> 拉里·埃里森(Larry Ellison)

换句话说,创新(我们都同意这是件好事)就意味着需要冒险。埃里森认为,我们需要接受风险(并忽略反对者)——这是一种非常有进取意识的成功策略。但并非所有人都对此表示同意:

> 成功催生自满。自满孕育失败。只有怀疑主义者才能生存下来。
>
> ——英特尔前首席执行官,
> 安德鲁·格罗夫(Andrew Grove)

虽然大多数有防御意识的人都不愿意承认自己是“怀疑主义者”,但他们从心底里同意格罗夫的观点。也许最好这样说:“只有一直保持警惕的人才能生存下来。”自满(我们都知道这不是一件好事）是必须避免的，一个成功的企业不会对自己所取得的成就过于满意或骄傲，它无法放松警惕，给竞争对手迎头赶上的机会，它不得不一直想象，如果自己的公司无法维持市场地位，竞争对手就会伺机而动（这种想象就被称为“怀疑主义”）。

现在你可能会想：“他们不可能在两方面都做得对，对吧？”答案是既肯定又否定的。正如我们所说的，每个组织都要既具有进取型导向又具有防御型导向，才能取得成功。但研究表明，在某些情况下，一种领导风格会比另一种更为有效。了解哪种领导风格效果最好的关键，是了解你所在的组织（或行业）的操作环境，它是相对稳定的还是动态的？

在稳定的环境中，客户具有可预测的偏好：你知道他们想要什么，你也很确定你知道他们明天和未来想要什么；技术上的变化很小，而且这些变化来得很慢；另外，你了解你的竞争对手，你清楚地知道你面对的是什么。例如，几十年来，可口可乐公司的运营环境一直相对稳定。人们喜欢软饮料，而且在可预见的未来他们也会一直喜欢这种饮品。软饮料生产和销售方式的变化是逐渐发生的。就像 20 世纪的大部分时间一样，目前可口可乐公司最大的竞争对手仍然是百事可乐公司。（这两家公司总共占据了美国软饮料市场 70% 以上的份额。）

然而，动态的环境是一种或多或少不断变化的状态：顾客的口味会在一夜之间改变，他们总是在寻找下一个惊艳的味道；竞争对手起起落落，你都不知道一年后谁还存活在市场上；科技在被公布之后很快就会变得笨拙而过时。例如，我们的一个朋友四年前买了一部手机。那真的就只是一部手机，没有摄像头，也不能上网，只是能够拨打和接听电话。他的朋友们每次看到它都感到十分惊奇，它就好像一个出土文物一样，是会在那种充满楔形符号和破碎陶罐的洞穴深处挖到的东西。

如果你的公司处于一个动态的行业，那你必须随时做出快速反应、不断创新，以在业界保持领先。最近一项针对小型公司首席执行官的研究表明，高度进取型导向的首席执行官在市场充满活力的时期表现得尤为出色。他们特有的优势（例如，快速行动、抓住机会、生产创造性的替代品）在一个无法预测和不断变化的环境中是必不可少的。毫不奇怪的是，防御型导向的首席执行官在这种环境中表现尤其不佳，但他们比那些在更为稳定的行业中只具有进取型导向的首席执行官们行事更有效率，在更为稳定的行业中，成功的关键往往是避免出现灾难性的错误（比如 New Coke 这一可口可乐公司于 1985 年推出的新品种，你肯定都没听说过这个产品吧）。[8]

本书中最为重要的信息之一是，我们可以用这两种完全合理的方式来看待同一个目标。你可能认为自己的业务需要关注创造新机会，而你的同事认为你需要把重点放在维系现有的客户关系上——你们俩都是对的！你们可能都认为自己的关注点比对方的更为重要和必要，在这一点上你们都错了。由进取型导向和防御型导向的人所组成的团队对于组织的成功来说都是至关重要的，但是也有可能出现内斗和沟通不善的情况。

关键是要摒弃这种观念——其中一种动机关注点比另一种更

好、更重要。正如人类的繁荣不仅需要养分，也需要安全一样，企业（和团队）也需要同时在创新和维护方面、速度和精度方面取胜。要做到这一点，我们需要尊重进取型导向和防御型导向的同事的观点和贡献，并对那些只关注其中一方面的同事可以相互扬长避短这件事心怀感激。动机科学中心不能没有像雷和乔恩这样的成员，他们激励我们在心怀猛虎时细嗅蔷薇。

第4章 FOCUS

育儿中的两种关注点

我们应该如何养育我们的孩子？再也没有别的话题比这一话题更能引发人们激烈的争论了，也很难有别的问题有如此广泛的各种回答。和宝宝睡在一起，还是对他进行哭闹式睡眠训练？重返职场工作，还是待在家里带孩子直到学龄期？给孩子看电视还是不看电视？你应该做一个“虎妈”(规矩很多，乐趣很少)、一个从小培养孩子自尊的妈妈（总是鼓励孩子），还是一个“直升机妈妈”(“别担心，亲爱的，我会把车停在学校外面。我一直在这儿，如果你需要我，你可以从教室窗口向我挥挥手”)？另外，爸爸这一身份也有着许多不同版本的经典养育角色。

事实上，大多数的养育方式都各有利弊。[1]我们都知道，任何形式的忽视和虐待都是不好的养育方式，无论如何都应该加以避免。但除此之外，至少可以说，我们很难了解哪种养育方式对自己和孩子是“最好的”。

我们知道的是，孩子所接受的养育方式——他们从父母、照顾者和老师那里得到的指导和反馈——对他们如何看待这个世界有着深远的影响。孩子融入这个世界时的“气质类型”也是如此，尤其是当它影响了别人与他们的互动方式的时候。我们因此发现了自己是进取型导向还是防御型导向的童年根源，这也就不足为奇了。

不同的发展阶段

在婴儿期，我们通过与父母和其他照顾者的早期互动，开始形成主导性动机关注点。我们的自我概念（我们如何看待自己）以及我们想成为怎样的人的意识开始显现，我们的动机关注点逐渐形成。为了了解这一过程，我们需要了解一个孩子的智力——具体来说，孩子对他所了解的事物进行心理表征的能力——是如何随着其自身成长而发生变化的。[2]

婴儿期

在快要过完一岁时（心理学家将这一时期描述为感知运动发展早期），孩子能够对两个事件之间的联系进行心理表征，比如他自己的行为与母亲对此的反应之间的联系。如果我哭了，妈妈会抱起我；如果我一直哭，我就会有吃的；如果我微笑，妈妈也会对我微笑。因此，孩子能够预料到照顾者的行为，并得到自己所期待的回应。这种对简单联系的表征能力是我们了解自己和周围世界的基础。

在第一阶段，孩子会经历两种积极的和两种消极的心理状态，这是其发展进取型动机和防御型动机的基础：

1. 积极结果的出现。比如孩子体会到用嘴唇吮吸乳头时的感觉，或者当他玩躲猫猫时期待看到妈妈的脸，这些体验都与满足感和快乐有关。从进取型导向的角度来看，这是一件“好事”。

2. 消极结果的消退。比如当孩子被汪汪叫的狗吓到或被消防车的警笛声激怒时，妈妈会抱起他，这些体验会让孩子感到平静、安全、安心。从防御型导向的角度来看，这是一件“好事”。

3. 积极结果的消退。比如当妈妈不再和自己玩躲猫猫而去接电话了，或者当孩子找不到自己玩具的时候，孩子会感到悲伤和失望。从进取型导向的角度来看，这是一件“坏事”。

4. 消极结果的出现。比如当孩子被令人害怕的陌生人抱着或接种疫苗时，孩子会感到痛苦和恐惧。从防御型导向的角度来看，这是一件“坏事”。

所有的婴儿都有过类似的经历和体验，一些孩子可能在某种情况上的经历比其他情况更多。然而，两个有着相同经历的婴儿对这些体验的敏感性可能有所不同。从本质上说，这就是心理学家所说的“气质类型”。我们中的一些人天生对积极的刺激（比如微笑、食物）有更强的意识和反应能力，我们称之为积极情感（positive affectivity）。另一些人天生对消极的刺激（比如可怕的陌生人、刺耳的喇叭声）更为敏感，反应也更为强烈，我们称之为消极情感（negative affectivity）。积极情感和消极情感都是高度遗传性的（即由我们的基因所决定的）、相对稳定的（尽管气质类型确实会在一定程度上随着生活经历的不同而发生改变），而且重要的是，它们会使婴儿对某些特定类型的亲子互动特别敏感。

事实上，研究表明，有更多积极情感的婴儿长大后更偏向进取型导向，因为他们对积极刺激的出现和消退（例如，和妈妈一起玩躲猫猫，或是她不再和自己玩而去接电话了）更加关注，受到的影响也更为强烈。同样，强烈的消极情感会使婴儿对消极刺激的出现和消退密切关注（例如，妈妈带我去看医生、接种疫苗，或是她在我接种疫苗之后安慰我），从而使孩子之后具有更强的防御意识。[3]

因此，孩子的主导性关注点并不仅仅是父母（或其他照顾者）按照自己的偏好对孩子做出回应的产物，还因为孩子对不同类型事件的敏感性不同，而这些不同的敏感性影响着父母与他们互动的方式。重要的是要知道，婴儿并非一张白纸，他们也不只是被动地接受父母想要提供的任何照顾。他们带着不同的敏感性来到这个世界，这本身就会对他们所接受的养育方式产生影响。例如，具有强烈消极情感的婴儿更有可能促使父母更为偏向防御型导向，因为父母会更加警惕，回避可能使孩子感到焦虑的消极活动。

学步期

在一岁半到两岁之间（感知运动发展后期和相互关系发展早期）[4]，儿童表征事件的能力会发生巨大的变化。他们现在可以考虑一连串的事件——不仅仅是他们自己的行为和照顾者的反应之间的联系，还有他们自己对照顾者所做出反应的反应。因此他们可以记住，如果他们在吃饭时调皮捣蛋、弄得一团糟，妈妈会大喊大叫，当妈妈大喊大叫时，他们会感到悲伤或害怕。

儿童心理表征能力的提高给他们带来了一个最为主要的好处——为了创造和控制事情的结果而进行自我调节的能力。现在他们可以有意识地调控自己的行为、反应或外表，来让好事发生或避免坏事发生。处于这个阶段的孩子已经能在做出行动之前预见其个人行为的后果，因此他们在做真正重要的事情时（为了得到他们最想要的东西）能够更好地控制自己的一时冲动。（有时他们最想做的事就是把巧克力糖浆倒进你的一只鞋子里，或者用记号笔在墙上写字，等等，而不考虑后果。我们确实还有很多问题需要解决。）

儿童早期

在 4 到 6 岁之间（相互关系发展后期和多维度思维发展早期），儿童的心理表征能力发生了另一个显著的变化——他们开始能够进行视角的转换。换句话说，他们开始能够从他人的视角去认识事物，而不再完全采取自己的观点和立场。他们现在可以推断出他人的想法、期望、动机和意图，并改变自己的行为，来满足他们所理解的他人的偏好、期望、价值观。

儿童有着天然的动机去了解照顾者喜欢他们做出什么样的反应。儿童不仅可以通过照顾者的个人反应来了解照顾者的喜好，他们还可以通过观察照顾者对他人做出的反应来进行了解。例如，一个孩子会观察母亲对兄弟姐妹的行为所做出的反应，推断出母亲喜欢哪种类型的行为。如果我姐姐苏茜因为打开了妈妈的钱包而被骂，那么也许我在想要这么做之前会三思。

妈妈希望我有礼貌，妈妈喜欢我说“谢谢”，妈妈会在我把事情弄得一团糟时生气……不断了解和积累的这些信息会形成孩子最初的自我导向。

三个自我概念

人们倾向于认为自己有单一的自我概念，一个关于自己是谁的连贯而综合的观点，包含了关于自我的一切。但实际上我们并非只发展了一个自我概念，而是三个。这三个自我概念共同指导了我们的决策和行为。比如，如果你正考虑重返校园攻读硕士学位，你的自我概念会为你提供做决定所需要的一些信息。（这是妈妈希望我做的事情吗？这是我认为自己应该做的事情吗？）

在这三个自我概念中，第一个是**现实自我**（actual self），即个体认为自己实际具备的特性的心理表征。如果你认为自己是一名普通的运动员、一名处于中下游水平的厨师、一个优于平均水平的朋友，那么这类信息会储存在你的现实自我概念中。第二个自我概念是**理想自我导向**（ideal self-guide），即个体理想上希望自己具备的特性的心理表征（也就是自己的期望、愿望和抱负等）。如果你（或者你的父母）梦想着你能够成为一名明星运动员、一名大厨，或者一个贴心的朋友，并且感到自己如果没能做到会非常失望，这就是你的理想自我导向。第三个自我概念是**应该自我导向**（ought self-guide），即个体认为自己有义务或有责任具备的特性的心理表征（你有义务或有责任要拥有的品质或能力）。如果你（或者你的父母）认为你应该成为一名明星运动员、一名大厨，或者一个贴心的朋友，并且感到自己如果不这样做就会很失职，这些就是你的应该自我导向所包含的内容。

当我们想到“自我概念”或者“我是谁”时，我们通常想到的就是现实自我。但在想到“我想成为怎样的人”这个问题时，是我们的理想自我导向或者应该自我导向在做出回答。理想自我和应该自我更像是我们拿来进行比较的目标或标准——我足够好吗？我还需要做出更多努力吗？你可能认为自己是一名糟糕的厨师，但这实在没什么大不了的，除非“当大厨”是你的理想自我或者应该自我，这时你就会对你当下的状态感到难过，而有动力采取行动来缩小当下的状态（把面包烤焦了）和你想要的状态（打发舒芙蕾）之间的差距。换句话说，你想要缩小现实自我和理想自我或者应该自我之间的距离。

如果理想自我导向和应该自我导向代表了我们想要成为的人的类型，那么我们是如何决定这种人具有何种特性的？是什么决定了每种自我导向所具备的特性？我们的自我导向从何而来？我们最早的自我导向实际上是我们对他人对我们的期待、他人认为我们应该做的事情的心理表征。事实上，作为孩子，是父母期待我们成为怎样的人，或者父母认为我们应该成为怎样的人，这些看法在指导着我们的行为。（从青春期早期开始，一种自我独立的观点开始发展起来，尽管它在很大程度上仍然受到包括同伴在内的他人观点的影响。）

理想自我导向的诞生

> 我把我所有的快乐与幸福都寄托在你的功成名就上，如果你辜负了我的期望，我将会感受到在这个世界上所能感受到的最大痛苦。如果你爱我，那么面对任何情况，你都要努力做到最好。
>
> ——托马斯·杰斐逊（Thomas Jefferson）
>
> 写给他11岁女儿玛莎（Martha）的信（1783年）

像杰斐逊总统这样的父母，他们倾向于从理想自我导向的角度来考虑，对孩子投以希望和期待，他们更有可能通过积极结果的给予或撤回的方式来塑造孩子的行为。例如，当小雷的行为不能满足母亲对他的期待时，母亲会感到失望和不满，进而撤回自己的爱和关注。当父母从孩子那里撤回好的东西，比如关注、甜点或者一些玩耍的机会时，孩子就会经历不好的事情，即积极结果的消退。当然，当小雷的行为符合母亲的期望时，母亲会给予他大量的赞扬和爱，即积极结果的出现。

参议员爱德华·肯尼迪（Edward Kennedy）在他的著作《心的指南针》（*True Compass*）中回忆了他小时候父亲对他说的话："你可以认真生活，也可以过不那么体面的生活。无论你做出怎样的选择，我都会爱你。但如果你决定过不那么体面的生活，我就没有多少时间陪你了。你自己做决定吧。有太多的孩子在做着一些我觉着很有趣的事情，因此我没有时间和你一起做这些事。”这是另一个能够清楚地描述进取型导向的养育方式的例子。如果孩子做了一件有趣的事（不辜负他父亲对他的期望），那么他就会得到关注，这是许多孩子都非常想要得到的。如果他没能满足父亲对他的期待，父亲就会撤回自己对他的关注，让他得到警告。“满足期待”的养育方式意味着用积极的结果来强化期待的行为，并通过撤回积极的结果来劝阻非期待的行为。

当孩子发展出强烈的理想自我导向时，他整体的进取型动机会得以增强。**因此，“满足期待”的养育方式会使孩子（平均而言）更有创造力、更有抱负、更自信、更热切地迎接新的挑战。**

应该自我导向的诞生

我宁愿看到你在横跨大洋时消失不见，也不愿看到你成为一个品行不佳、举止不端的浪荡子。

——阿比盖尔·亚当斯（Abigail Adams）对她 11 岁儿子约翰·昆西（John Quincy）的告诫（1780 年）

像亚当斯太太这样的为人父母者，他们更多地从孩子应该成为怎样的人的角度来看待问题，即从他们认为孩子应该承担怎样的责任和义务的角度来看，他们可能会试图通过控制消极结果的出现或消退来影响他们的孩子。当小乔恩做了一些违背母亲所制定的规则时，他通常会受到批评或惩罚（例如，严厉的批评、额外的家务、令其不快的干预)。但是，当他遵守规则，没有犯任何错误时，他就不用遭这些罪，可以安然无恙地做自己的事。这样，当父母从孩子那里撤回不好的东西时，比如严厉的批评、额外的家务、令其不快的干预，孩子会体验到好的感受，即消极结果的消退，这是对小乔恩“做一个好孩子”的奖励。与“满足期待”的养育方式不同，“做到应该做的事”的养育方式意味着通过消除消极的结果来强化应该做出的行为，并通过使消极的结果出现的方式来惩罚或削弱不应该做出的行为。

当孩子发展出强烈的应该自我导向时，他的防御型动机就会从整体上得以增强。**一般来讲，“做到应该做的事”的养育方式能够培养出更加善于分析、更能延迟满足、更为遵守规则、更有条理、更认真、更小心避免错误的孩子。**

发展强烈的自我导向

所有的孩子最终都会发展出某种自我导向，但并不是每个人最终都会具有某种强烈的自我导向。具有一种强烈的自我导向(意味着大脑很容易获得它，并会定期查阅它)和较高的动机程度，这一点非常重要，较弱的自我导向则很容易被忽视(“的确，我会隐隐约约地觉得自己应该做好家庭作业、努力学习，但实际上我真的不在乎这些”)。研究表明，强烈的自我导向来自父母的反馈，一般具有以下四种特征：

1. 非常频繁。在涉及强化孩子的自我导向时，这是一个非常重要的因素。那些花更多时间回应孩子的特定行为（积极行为或消极行为）、吸引孩子的注意力，或者谈论他们对孩子的“期望”或“应该做的事情”的父母，会使孩子发展出更强烈的自我导向。通常情况下，其中一种导向会更为强烈，因为父母会有一种主导性的养育方式，这种养育方式与他们的核心信念最为相符——实现抱负或者履行义务。

2. 非常一致。总的来说，保持一致是学习任何事情的关键。如果孩子做出的行为在某种情况下受到表扬或惩罚，而在另一种情况下没有，那么孩子会对你所传达的信息感到非常困惑。如果父母之间意见不一致，并且对于期望孩子做出的行为所传达的信息也非常不同，那么这最终会削弱孩子自我导向的强度。

3. 非常明确。父母明确地向孩子传达他们的规则、态度和他们回应孩子的方式的原因，这提供了一种清晰的方法来加强孩子的自我导向。如果你的父母希望你长大之后成为一名医生，或者认为你有义务成为一名医生，这时如果你明白成为一名医生意味着什么，你就更有可能“买账”，并将其纳入你的自我导向中。如果你的父母能够明确地告诉你成为一名医生会发生什么，你就能够更好地理解这一点。

4. 非常重要、有影响力。行为需要产生真实的结果，这样孩子才能真正从行为中学习到有意义的东西。如果你的孩子认为你所提供的积极结果并没有那么好，或者你用来威胁他们的消极结果也没有那么坏，这样就不会对孩子产生持久的影响。让孩子能够集中注意力的回应——这些回应在某种程度上是重要的、具有影响力的——是帮助孩子建立强烈的自我导向所需要的。

一般来说，越是积极参与、积极做出回应的父母，越有可能向孩子灌输强有力的导向。参与较少的父母（即忽略或忽视孩子、在心理上难以亲近的父母）灌输自我导向的能力较弱，因为参与程度低意味着反馈的频率较低。如果父母是过度宽容的（即对孩子各种冲动的举动都采取宽容、接纳的态度，很少提出要求、回避强制执行规则或者施加限制），或者过度保护的（即监督、限制和控制孩子所做出的每一个行为），那么孩子也不太可能发展出强烈的自我导向，因为无论孩子做出什么行为，过度宽容型和过度保护型的父母对他们的回应都是一样的，他们总是反应不足或者反应过度。当父母并不会根据孩子做出的不同行为做出不同反应时，明确性就会缺失。如果父母对孩子做出的任何行为的反应都是一样的，孩子怎么能知道父母对他的期望是什么呢？

我们还应该注意到，不仅仅是父母有强烈的动机，想让孩子满足他们的期待或要求，孩子也很有动力去满足父母对他们的期待或要求，尤其是在他们还小的时候。以托马斯·杰斐逊和他女儿玛莎之间的书信往来为例，玛莎十几岁的时候，杰斐逊写信给她：

> 在这个世界上，没有人能像你一样让我感到如此快乐或如此痛苦……我对你的期望很高，但你一定可以达到这些目标。我对你的品质和性情毫无疑虑，你只需要勤奋和决心。那就勤奋点吧，我亲爱的孩子。只要有决心、肯努力，没有什么困难是无法克服的，这样你就会成为我所希望你成为的人。

玛莎在回信中也表现出，自己是多么热切地想要成为父亲希望自己成为的那种人：

> 您说您对我的期望很高，但我一定可以达到这些目标。请放心吧，我亲爱的爸爸，对于这件事以及其他我力所能及的事情，我都会让您满意的。因为我最看重的就是满足您的期待，事实上，如果做不到，我会感到非常痛苦。

青春期：重新定义导向

现在事情开始变得非常复杂了。一开始，你只看重父母希望你成为怎样的人，但在青春期，同伴的影响变得同样强大，在某些情况下甚至比父母的影响更大。许多青少年，尤其是年龄不大的青少年，发现自己很难调和这些往往相互冲突的要求。（父母认为我应该在放学后把所有时间都花在功课上，但是我的朋友们不这么认为。究竟谁是对的呢？）这会让青少年感到不确定和困惑，因为对于“我希望自己成为怎样的人”“我应该成为怎样的人”此类问题的回答开始变得更为复杂，答案不止一个，取决于我现在想要满足谁的期待（是妈妈，还是我最好的朋友凯蒂）。

有证据表明，对孩子来说，青春期通常是一段充满不确定性、身份混乱和叛逆的时期——当然，这并不是在抹除你自己亲身经历这段时期的独特感受。[5] 尤其是对于那些有着自我导向冲突的青少年（在上面的例子中，即妈妈为我提供的应该自我导向和凯蒂为我提供的理想自我导向之间的冲突），他们明显比那些没有自我导向冲突的青少年更容易长期遭受优柔寡断、身份混乱、注意力分散和叛逆的折磨。[6] 帮助你的孩子识别自我导向冲突，与他讨论其来源，并想出解决办法——比如留出做作业的时间和跟朋友出去玩的时间——可以让他们在这段困难的时期轻松一些。

未遵循自我导向会怎样

未遵循自我导向会让人感觉糟糕，有时甚至是非常糟糕。我们的现实自我和理想自我导向或者应该自我导向之间的差异会让我们产生消极的情绪状态。导向越强烈，消极情绪就越强烈。未能遵循理想自我导向，会导致我们感受到更多进取型的消极情绪：悲伤、气馁，甚至抑郁。没能按照应该自我导向去做，就会引发防御型的消极情绪：忧虑、紧张，甚至严重的焦虑。在这种不好的感觉不是非常强烈的情况下，这可能是一件好事，因为感觉不好通常说明事情没有达到我们想要的效果，这种反馈激励我们采取行动，让我们更接近理想自我导向或者应该自我导向，进而减少或者消除这些不好的感觉。

当然，除了采取行动去接近我们的导向之外，还有一些方法可以帮助我们摆脱消极的情绪。首先，我们可以更改导向，换句话说，我们可以调整自我导向，来让现实自我与其相匹配。例如，如果你的理想是在 30 岁时成为百万富翁，而如今 29 岁的你银行账户余额还少得可怜，那么你可以把目标改为“在 40 岁时成为百万富翁”。这种做法其实是一件非常合理的，在心理上也感觉更为靠谱的事情，因为当我们提到自己的目标时，我们经常会变得贪婪。我们应该常常质疑自我导向的内容，使其随着我们的学习和经历而发展。我们在十年前对“自己应该成为怎样的人”的想法可能和如今的想法非常不同，这是自然而正常的。

另外两种摆脱消极情绪的方法从长远来看效果不佳。一种是在自己的行为上欺骗自己，选择相信自己正在遵循自我导向，而实际上并没有。这基本上是一种否认现实的状态，我们并不推荐这样做，因为这充其量只能作为一种短期策略，并不能带来真正的改善。另一种是选择脱离自我导向，贬低它的重要性，或多或少地忽略它。这种情况基本上是在削弱自我导向，我们都知道，这通常不是一个好主意。

有强烈的自我导向是好事吗

一般来说，有强烈的自我导向是一件好事。有较强自我导向的孩子更有可能比较乖巧、攻击性弱、有社会责任感。他们更有可能表现出心理学家所说的亲社会行为（prosocial behavior）：帮助他人、与他人分享、与他人合作。他们对自己是谁以及看重什么有一种更为一致和稳定的观念，他们会利用这些信息为他们的社会生活指引方向。最为重要的是，有较强自我导向的孩子会取得更多的成就。相反地，自我导向较弱的孩子更有可能不听话、攻击性强、缺乏社会责任感，更难表现出亲社会行为，取得的成就也更少。

具有较强的自我导向也并非没有缺点。人们的动机之中充满了各种权衡。当我们辜负了自己的期望时，较强的自我导向会使我们产生消极的情绪，这些消极情绪逐渐引发抑郁和焦虑，这也就不足为奇了。从本质上说，这就是我们为自己设定远大目标时所要承担的风险，我们总是有可能达不到目标，从而为此感到非常糟糕。

但不管有什么负面影响，我们都很难想象一个人如果不为目标而奋斗，如何能过上精神富足、有意义的生活。为了感受到更高的效能感，我们需要具有我们所看重的自我导向（包括我们与他人共享的自我导向）。因此，如果时不时地感觉糟糕是我们为具有较强的自我导向所付出的代价，那么这个代价似乎非常值得。正如我们前面提到的，这并不是说我们不能具有过于强烈和严苛的自我导向，我们可以这样做，但要注意降低自我导向的强烈程度。在这方面，我们亲密的朋友（或者治疗师）可以为我们提供帮助。

你是怎样的父母

“做这个，不要做那个。”我们每天对孩子说的话中大部分都是这种内容，“把你的玩具清理干净”“不要推你的妹妹”“多吃点青豆，别把它们塞进鼻子”“对爷爷说谢谢”“别叫你弟弟白痴”，等等。

从短期来看，我们只是希望孩子做我们期望的事情，但其实我们有两个目的。我们的第一个目的是让他们了解这个世界的运转方式：要是你把自己的手放在热的东西上，你就会被烫伤；如果你对别人微笑，他们会觉得你很友好，会更加喜欢你；把事情记下来，否则你可能会忘记；你学得越多，了解的事情就越多。养育孩子的一个重要方面是解释世界的运转规则——做出和不做出某种行为会产生不同的结果，有些结果是好的，有些结果是坏的。例如，“如果你做了 A，那么 B 就会发生”或“如果你不做 X，那么 Y 就不会发生”。

父母进行这些教导的第二个目的是灌输价值观和目标，使我们的孩子感到更高的效能感、更有成就感、成为受人尊重的社会成员。我们希望他们能够内化这些价值观和目标（也就是说，把它们看作自己的价值观和目标），这样当他们独立时，就能够更好地调控自己的行为。起初是我们为他们做出了选择，但最终他们需要学会为自己做出最好的选择。

以进取为导向（满足期待）和以防御为导向（做到应该做的事）的养育方式的区别，并不一定在于你想向你的孩子传递什么样的价值观。有两组父母向他们的孩子灌输的目标和价值观相同——比如，希望他们在学业上表现出色、乐于分享、待人慷慨而有礼貌——但他们可能会以非常不同的方式来传达信息。正如我们所看到的，正是这种信息传达方式上的差异，而不是信息内容上的差异，塑造了孩子具有何种主导性动机。进取型导向的养育方式通过突出积极的结果（出现或消退）来传达信息，而防御型导向的养育方式则侧重于潜在的消极结果（出现或消退）。看看以下这些例子，你就会明白其中的含义了。

信息内容：在学业上表现出色很重要

进取型动机导向的信息传达方式

如果你在学业上表现出色，我会为你感到骄傲！

（积极的结果 = 父母的爱和情感）

如果你在学业上表现出色，你未来就能从事你梦想中的职业！

（积极的结果 = 进步的机会）

防御型动机导向的信息传达方式

如果你在学业上表现得并不出色，你会有大麻烦的。

（要避免的消极结果 = 父母感到愤怒、自己可能受到惩罚）

如果你在学业上表现得并不出色，你以后就找不到工作了。

（要避免的消极结果 = 难以找到工作）

信息内容：有礼貌很重要

进取型动机导向的信息传达方式

如果你有礼貌，你在任何地方都会受到欢迎。

（积极的结果 = 社会接纳）

防御型动机导向的信息传达方式

如果你很没有礼貌，没有人会喜欢你的。

（要避免的消极结果 = 社会排斥）

哪种信息传达方式与你的情况更为相似？要知道，所有的父母都会兼顾这两方面，问题是，你在哪个方面更为典型？如果你还是不太确定，请回答以下问题：

进取型动机导向的养育方式

和你认识的其他孩子的父母相比……

你会更多地赞美你的孩子吗？

当你的孩子在某件事上表现出色时，你会对他说你为他感到骄傲吗？

当你的孩子做出不良行为时，你会撤回你对他的爱与关注吗？

你的孩子会对让你失望感到非常担心吗？

你会经常鼓励你的孩子自信并乐观吗？

当你和你的孩子玩游戏时，你会试着让他赢得胜利吗（作为另一种鼓励孩子自信和乐观的方式）？

防御型动机导向的养育方式

和你认识的其他孩子的父母相比……

当你的孩子表现不佳时，你会让他多做家务（或给他布置一些不愉快的任务）来惩罚他吗？

你有时候会表现得非常严厉或者挑剔吗？

你的孩子常常小心翼翼地不让你生气吗？

你的要求很严格吗？

你会鼓励你的孩子实际一点，把事情考虑清楚吗？

当你和你的孩子玩游戏时，即使你的孩子最终可能会输，你也会按照游戏规则玩吗（作为另一种鼓励孩子实际一点的方式）？

许多父母在这两组问题中都能看到一些自己的影子，但很有可能其中一组比另一组更符合他们的情况。这能够让他们更为了解自己的养育方式。

你可能想知道，自己的主导性动机关注点能否预测自己的养育方式。换句话说，有进取意识的成年人在与孩子互动时更有可能采用进取型导向的养育方式吗？有趣的是，很少有研究正面回答这个问题。我们确实了解的是，有进取意识的教师比有防御意识的教师更喜欢表扬学生，而有防御意识的教师比有进取意识的教师更有可能惩罚学生。[7]

通常来讲，喜欢从"满足期待"（或者"做到应该做的事"）的角度来思考的父母也会想要孩子成为他们所期待的人（或者"应该成为的人"），这是合乎情理的。

我（希金斯）现在以进取型导向为主，对孩子也秉承着进取型导向的养育方式，在玩游戏时我会故意让孩子取得胜利，而我的妻子则采取防御型导向的养育方式，在玩游戏时即使孩子偶尔会输，她也会按照游戏规则来玩。当我们的女儿凯拉十岁的时候，她告诉我："妈妈比你聪明。"好吧，我想，对此我还是同意的。但她又说："妈妈游泳更快，跑得也更快，而且比你更强壮。"我不太愿意接受这些说法，于是我问凯拉她为什么这么想。凯拉说："每当我和妈妈一起赛跑、游泳或者摔跤时，妈妈总是能够打败我，但我总是会打败你！"看来，我进取型导向的养育方式在这方面确实有些吃亏。

我们应该注意的是，尽管父母的养育方式可能与父母的主导性关注点相契合，但是也会有例外情况。有时候我们会对父母的养育方式做出反抗。我们最终会觉得，如果父母给我们多一点表扬或者多一点管教，我们会获益良多，并下定决心要这样养育自己的孩子。你的主导性动机能够帮助你了解自己未来可能成为怎样的父母，当然，这也并非决定性的因素。

哪种养育方式更好

没有哪种养育方式更好。正如你在本书中所了解的，进取型动机和防御型动机各有优点和缺点。对你和你的家人来说什么是“最好的”，这与你看重什么有很大的关系。我们唯一能够确定的是，这两种养育方式如果走向极端，都会是非常可怕的。

进取型动机导向的养育方式就是用爱（例如，关注、表扬、喜爱）来奖励孩子做出好的行为，用爱的撤回来避免孩子做出不良行为。但是，当爱的奖励过盛而发展成为溺爱，或者当爱的撤回发展成为彻底的忽视时，孩子的自我导向就会缺乏力量，孩子会因此饱受折磨。

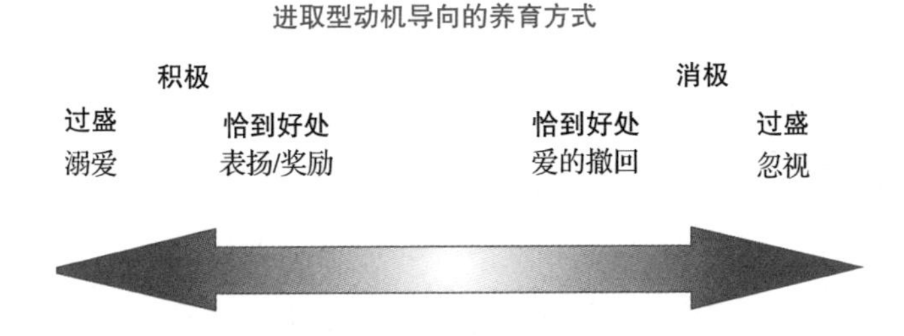

防御型动机导向的养育方式的重点是营造和谐而安全的氛

围，来奖励孩子做出好的行为，并通过批评和施加惩罚来劝阻孩子做出不良行为。但是，当父母对孩子的安全问题忧虑过度而变成过度保护，或者当父母对孩子施加的惩罚升级为虐待时，孩子就会因自我导向薄弱而饱受折磨。他们在长大成人之后会缺乏知识、技能和自信，无法成功地驾驭自己的生活。

防御型动机导向的养育方式

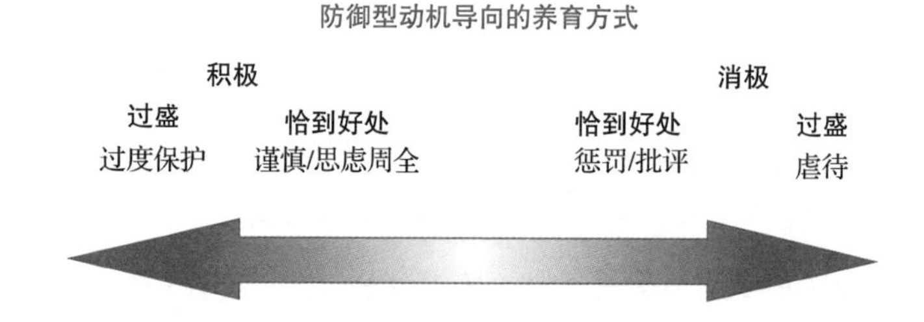

养育孩子的过程中，在方式方法上注意适度是很重要的，进取型导向的养育方式和防御型导向的养育方式之间的平衡也同样重要。对孩子来说，他们能够同时具有进取型导向和防御型导向，这使他们能够有效地使用热切和警惕的策略来达到目标。如果父母通过帮助孩子发展出强烈的理想自我导向和应该自我导向，让他们对进取和防御都有所体验，他们将有机会发展在各个领域都能获得成功的技能。

关注孩子的关注点

当你的孩子进入青春期时，你可能会开始注意到他们的主导性动机关注点的蛛丝马迹。（年轻人普遍都具有进取意识，但也有很多青少年具有防御意识。）你的孩子喜欢冒险吗？他会常常使用日历和待办事项清单吗？他是否有抑郁或焦虑的倾向？他在工作上追求速度，还是慢工出细活？他是阳光的乐观主义者，还是防御型的悲观主义者？

在你开始看到一些确切的特征之后，如果你想帮助孩子高效地实现他们的目标，你就需要相应地调整自己对孩子做出的回应，其中有两个主要的组成部分：他们如何做事情，以及你如何做出回应。

让孩子以自己的方式做事情

你不太明白，为什么儿子在做事情时总是想要尝试新的方法，而不是按照过去采用过并成功的方法。女儿在英语论文初稿已经完成得相当不错的情况下，又修改了五版，你看不出这有什么意义。这些可能不是你做事情的方式，但并不意味着这些方式不好。只要孩子得到了自己想要的结果，就尊重孩子选择适合自己的策略的权利。

根据孩子的动机关注点做出反馈

如果你过于关注孩子雄心勃勃的计划中可能出现的问题，那么进取型导向的孩子会感觉你在泼他冷水。如果你过于频繁地告诉孩子要“放轻松，享受生活”，那么防御型导向的孩子会感到沮丧和不安。当孩子的主导性动机关注点与你的不同时，养育尤其具有挑战性，因为你想要听到的与他需要听到的是不同的。学会根据孩子的主导性动机关注点来与其交流，这非常关键，能够说服他们设立正确的目标，并鼓励他们在面对挫折、干扰和其他挑战时还能持续地追求目标。在第 9～13 章，你将掌握进取型导向和防御型导向的语言，来影响和激励你的孩子。

不同养育方式的优点与缺点

汤姆和妻子雷切尔有一个可爱的女儿阿什莉，她现在 12 岁了。阿什莉对人温柔慷慨，还能像脱口秀演员一样讲笑话，她既是一位优雅的舞者、才华横溢的诗人，也是一名优秀的学生。汤姆和雷切尔一直为他们深爱的女儿感到骄傲。几年前，阿什莉开始害怕昆虫，即使是像家蝇这样的小昆虫，她也要赶忙躲开。她的阅读速度变慢了，因为她必须一遍又一遍地一行一行读书。她似乎变得不那么快乐，也没那么有活力了。有一天，汤姆看见阿什莉在离开公寓大楼的时候，将外套的袖子向下拉，垫着手来开门（以防止接触细菌），这一幕对汤姆来说简直是当头一击，他开始觉得阿什莉的确有点不对劲了。汤姆和雷切尔决定和阿什莉聊一聊最近的感受。阿什莉告诉他们说，她每天大部分时间都很不开心，因为自己无法控制那些令人难过的念头。汤姆和雷切尔对此都感到非常震惊，听到这些，他们在想："我是不是做错了什么？"

汤姆和雷切尔确信自己做错了什么事，才让他们可爱的女儿产生了这样的问题。毕竟，如果他们能够成为理想中的完美父母，阿什莉现在就不会这么痛苦了。

许多父母都有过这样的经历，他们的孩子有某些严重的生活问题，只是问题的确切性质和出现时间各有不同。不管这些问题是什么、不管它们是何时出现的，这些父母的反应通常与汤姆和雷切尔一样。他们会问自己“我做错了什么”。父母有这种反应并不奇怪，他们总是希望孩子一切都好，希望自己的孩子快乐、感到安全、对学习充满热情、做事情认真负责、在身体和智力上都很优秀、善良而有爱心、与他人相处融洽。我们的文化也告诉我们，如果你是一位负责任的家长，所有这些目标都是可以实现的。

与养育方式相关的图书有很多，它们所共同传达的一个信息是，通过遵循书中所给出的建议，父母能够掌握对孩子有益的一切。这些图书以及一些养育杂志和电视节目中的养育专家，都会向父母传授这一标准养育经验：你的养育方式可能对孩子有益，也可能有害；在良好的养育方式下成长的孩子会受益匪浅，而经历不良养育方式的孩子则要付出代价。

这一标准养育经验实际上隐含了两条信息。首先，某种特定的“好的养育方式”是存在的，它能给孩子带来所有的好处。其次，这种“好的养育方式”只会带来好处，因此，如果你的孩子出现了某种严重问题，肯定是你的养育方式在某些方面出了问题。我们对于这一标准养育经验极不赞同，读了本书的内容你就能了解这是为什么了：所有好的养育方式都有利弊，因为孩子以进取为导向的动机（进取型导向的养育方式所产生的动机）既有增益也有代价，孩子以防御为导向的动机（防御型导向的养育方式所产生的动机）同样既有增益也有代价。

没有哪种特定的养育方式能给孩子“带来所有的好处，避免所有的损失”。有些养育方式确实并非上策，比如我们之前提到的对孩子有所疏忽和虐待，但是好的养育方式不止一种，每一种都有增益和代价。当付出代价时，孩子和父母都会遭受折磨，但这只是好的养育方式的缺点，随着时间的推移，并加之有效的干预，孩子会再次受益匪浅。不要放弃自己好的养育方式，你的孩子仍然非常需要它，坚持下去吧。

第5章 FOCUS

恋爱中的两种关注点

进取型导向的人来自火星，防御型导向的人来自金星。或者是反过来的。不管你想用什么星球来做比喻，很明显，这两种人对待亲密关系的态度非常不同，就像他们对待其他事情的态度也非常不同一样。这并不是说他们在恋爱上有不同的目标。事实上，他们想要得到的东西是完全一样的——承诺、亲密、信任和支持——但他们想要得到这些东西的原因是不同的，他们会使用非常不同的策略，经历各种权衡和取舍。在一段亲密关系中，进取型导向和防御型导向各有利弊。如果你想知道为什么自己曾经或不曾“幸运地处于爱意中”，那么了解你的主导性动机对亲密关系的影响，将是一个很好的开始。

如何看待爱情

当涉及与爱情有关的问题时，我们都想要相同的结果：创造亲密感（体会到亲近感和归属感），避免被拒绝和孤单一人。但是，当你以一种进取型的心态来对待爱情时（就像你通常所做的那样，关注你必须获得的一切），你会想要创造你希望得到的那种联结感——理想的爱情。沙滩上的漫步，温柔的拥抱，由分享得来的加倍快乐，爱意味着新的可能性——激情、个人成长、充实、幸福。这是《托斯卡纳艳阳下》（*Under the Tuscan Sun*）及《美食、祈祷和恋爱》（*Eat, Pray, Love*）等电影中爱情的模样——对于浪漫浓墨重彩，对于日常琐事轻描淡写。

有着防御心态的人也同样想要获得爱意，但他们更有可能将爱看作慰藉和安全感的来源，感受到与另一个人建立了联结，彼此为对方负责。他们会想象在自己遇到困难的时候有一个可以真正依靠的人，这是多么美好。爱是一个可以依靠的肩膀，一个安全的港湾，一个可以共同建构生活的稳固基地。电影《金色池塘》（*On Golden Pond*）、《尽善尽美》（*As Good As It Gets*）、《当哈利遇到莎莉》（*When Harry Met Sally*）都展现了这种版本的爱——由舒适、信任和共同经历考验所催生的爱。

这两种看待爱情截然不同的方式，及其在我们生活中所扮演的角色，实际上改变了我们对亲密和拒绝的看法。进取型导向的人把亲密看作一种增进彼此关系的方式，亲密能让人们之间的关系更为深入、更有意义。从某种意义上来说，亲密是一种工具，可以帮助我们获得更多的机会和更大的收益，体验到更多兴奋和欢欣。(我们两人越是亲密，就越是感到幸福。)然而，防御型导向的人认为，亲密是一种维系关系的方式，能够增强彼此之间的联结。每一对伴侣都会一起走过一些崎岖的道路，亲密的关系在这一过程中为我们穿好铠甲，带给我们一种舒适和安逸的感觉。(我们越亲密，就越有可能保留我们所拥有的全部。)

同样，进取型导向的人希望避免遭人拒绝，因为他们觉得，结束一段关系会夺走未来可能享受到的某些好处。换句话说，这会使他们失去获得幸福的机会。拒绝是沮丧和痛苦的来源。(想想所有本该发生的事情吧！)

然而，防御型导向的人把遭人拒绝视为痛苦的损失甚至背叛。这会沉重打击他们的安全感，催生一种被人抛弃的感觉，导致焦虑和恐惧。(我形单影只、脆弱不堪！)因此，对爱情有着不同看法的人有着获取爱情的不同方式，这也就不足为奇了。

展开一段恋情

唐璜（Don Juan)、詹姆斯·邦德（James Bond)、方奇（The Fonz)，女人被他们所吸引，男人想要变得和他们一样。他们自信、有魅力，相信自己不会受到危险的影响，一旦他们喜欢上了谁，征服对方几乎是确定无疑的事情。这些著名的(诚然，是虚构的）广受女人欢迎的男人从来不需要女性伴侣，或者说他们从没在哪个伴侣身边停留很长时间。对于这些在亲密关系上名声不佳的男人来说，似乎总是下一个女人更好。你能够大胆猜测一下他们的主导性动机关注点吗？

每一段关系都是从最初的靠近开始的，一方想要让另一方知道自己的心意，并期盼着对方与自己心意相通。对我们很多人来说，这并不是一件简单的事情，我们知道被对方拒绝的可能性是真实存在的，而结果会让自己非常痛苦和尴尬。这样来看，那些进取型导向的人是天生的冒险者，他们更容易建立亲密关系也就不足为奇了。对他们来说，错过浪漫机会比听到对方说“别闹了，和你约会吗”要糟糕多了。

当进取型导向的人遇到心仪的对象时，他们会比防御型导向的同龄人更为自信，认为自己也正被对方喜欢着（而且他们会更为乐观地认为，即使对方现在不喜欢自己，很快也会爱上自己的）。这种感知让他们放开了胆子，他们会更频繁地在公开场合和对方搭讪。（“这位美女显然对我有兴趣，我要多多施展我的魅力。”）例如，动机科学中心的丹·莫尔登（Dan Molden）和他的同事在西北大学所开展的研究表明，进取型导向的大学生对于自己潜在的约会对象更为关注，他们实际上也更有可能向对方袒露心迹，试图展开一段亲密关系。[1] 这些人迫切地期盼与对方确立关系。

在一项非常有趣的研究中，莫尔登研究了主导性动机是如何影响参加速配约会的人的行为的。（速配约会指的是与其他有兴趣约会并展开恋爱关系的单身人士见面，每次大概三分钟，因此被称为“速配”。参加速配约会的人和潜在的约会对象坐在一个摆满小桌子的房间里，在三分钟的铃声响起后，换到下一位。以这种方式，可以在一个小时内见到 20 个潜在的约会对象。参加者在记分卡上给见过的人打分，然后可以联系最喜欢的那个人，试着安排一次真正的约会。）莫尔登发现，与防御型导向的速配约会参加者相比，在这次见面后，进取型导向的参加者会更频繁地与约会对象搭讪并展开追求。[2]

为什么有进取意识的人比有防御意识的人更有可能展开一段亲密关系呢？一个直接的答案是：他们很确定对方和自己心意相通。正如我们之前提到的，进取型导向的约会者相信自己也被喜欢的人喜欢着（并对此非常乐观）。有趣的是，在这个可以被认作一种自我实现预言的绝妙案例中，他们是正确的。多亏了心理学家所称的“相互吸引”（reciprocal attraction）的过程为这一现象做出了回答，通常来讲，我们更容易被那些明确表达心意的人所吸引。即使在短短三分钟的时间里，进取型导向的约会者也能表达出自己的心意，因此对方也会认为他们更有吸引力。

在这一点上值得注意的是，进取型导向的人并没有对潜在的约会对象设立较低的标准，因此，他们并不是在广撒网，他们只是在撒自己的网。**以防御为主的人也会发现很多有吸引力的潜在约会对象，但不太可能对其表达好感，不会试图开始一段关系，他们更难以承担被对方拒绝的风险，因此他们更有可能陷入单相思之中。**莎士比亚曾经写道：“如果你不记得爱情令你频频做出的那些傻事，那你就没有爱过。”当谈到做出“傻事”的时候，防御型导向的人会感到特别不适，他们更愿意谨慎行事，避免犯下令人尴尬和痛苦的错误，因此，他们很难展开一段恋情。

我们的同事乔恩对待恋情的方式和他对待工作的方式一样，总是以防御为主。在他读研究生的最初几年里，他总是单身一人，几乎是执意如此。动机科学中心的同事们常常想要带他出去见见好姑娘，但总是被他一口回绝。他不想参加单身派对，他确信自己不适合待在那种环境中。说实在的，他大概是对的，与人愉快地闲聊从来都不是他的强项。最后，他的一位密友（不顾他的反对）向他介绍了一位姑娘，他们非常“合得来”。（这里“合得来”是指他们都认为对方没有那种会让他们分手的缺点。）他们在一起多年之后才订婚，然后又过了好几年才结婚，非常谨慎。

然而，雷可能就会被一些人称为“花花公子”了。他似乎总是在谈恋爱，但他的恋爱就像他洗衣服一样频繁，每隔几个月就换了一位恋爱对象。在每次短短的空窗期，他会成为单身酒吧的常客，在那里，尽管他打扮正式，但他的潇洒与魅力让他很受欢迎。现在雷已经和他的“灵魂伴侣”幸福地结婚了，雷总是滔滔不绝地讲述和妻子在一起是如何让自己更为成熟的。（有趣的是，他的妻子更偏向防御型导向，她总是向雷翻白眼，提醒他下班回家顺路去取干洗的衣服。）

发展一段恋情

假设你成功地进行了第一次约会，克服了恋情发展的第一个障碍。但现在你不得不问一问自己，我们还会进行下一次约会吗？我们最后会有好的结果吗？从第一次约会到“正式确立关系”，这一过程并没那么简单，但是两个人越是信任对方、给予对方关注、多去表露自己的小秘密（比如，自己的梦想、自己最深的恐惧、自己对《星球大战》的痴迷），这段感情就越有可能真正发展。[3]

这时，进取型导向的人似乎又一次占据了优势。他们更容易信任对方，因此会向对方表露更多自己的小秘密，这反过来又会加强彼此的亲密感和相互承诺，使双方的关系顺利地向前发展。在遇到可能的背叛，比如当他们发现对方在撒谎时，他们比有防御意识的人更容易相信对方，而且如果伤害没有再次发生，他们能够更快地恢复到之前的信任水平。[4]

对有防御意识的人来说，迅速地建立信任并不总是一件好事。（我们可以肯定，一些有防御意识的读者在读到上一段时会想，“我觉得这听起来很傻”。有时确实如此。）你可能会觉得，在遭遇背叛之后还能继续信任对方是非常不明智的，因为背叛说明你的伴侣实际上不值得信任。因此，或许最好这样说，有进取意识的人在一段恋爱关系发展的早期会占有优势，但在信任问题上可能犯错。然而，有防御意识的人，则错在过于谨慎，他们的恋爱关系也会发展得比较缓慢。

如何处理暧昧

我们是男女朋友还是普通朋友？我们之间是什么关系？性伴侣？情侣？偶尔见见面？开放式恋爱？以结婚为目的，还是只是找点乐子？定义两个人之间的关系有无数种方式，但并不是每个人都觉得有必要给自己的恋爱现状“贴上标签”，进取型导向的人就对不同的可能性和与之对应的不同标签持开放态度。然而，**防御型导向的人讨厌拥有界定不清的恋爱关系，他们想知道自己在这段关系中的确切身份、在这段关系中有哪些要遵守的规则，以及是否双方都在遵守这些规则。**事实上，研究表明，在一段关系中，如果有一件事比盲目信任更让防御型导向的人不舒服，那就是暧昧。[5]

不幸的是，一段恋爱关系很难没有暧昧的阶段，尤其是在刚开始的时候。如果你无法容忍这一阶段，那么你可以有以下三种选择。第一种选择是，与对方进行交流，“你觉得我们这段关系未来会如何发展”。这在学术上称为“关键谈话”，因为不卑不亢地与对方展开谈话是非常困难的，因此准备谈话的人通常会提前与朋友充分讨论，找到一种能在随意和表露好感之间取得完美平衡的状态。这在理论上很简单，但在实践中却很难做到——这就解释了，为什么防御型导向的人只要能够多忍受一天，在暧昧把他逼疯的那天之前，关键谈话就会被一直推迟。

处理暧昧的第二种选择是，正如斯汀（Sting）所说的，“为你的心筑一座围墙”。筑起高高的心墙，随时找到借口离开这段“根本不存在”的感情，在对方拒绝你之前先拒绝对方。我们都认识这样的人——爱的破坏者，他们故意把事情搞砸，这样他们就不会让自己真的陷入脆弱之中。虽然这是一种摆脱暧昧的方法，但它也会将爱情牢牢挡在心墙之外。

处理暧昧的第三种选择是，当人们试探他们的恋人是否真的爱他们的时候，他们会变得非常苛刻，难以相处，他们会查看伴侣是否会回应他们的每一个愿望，并原谅他们每一次越界的行为。同样，这也可以减少暧昧的情况，但这是一个典型的自我实现预言，他们的这些行为都是出于自己焦虑的念头，他们认为自己没有真正地被爱，久而久之，这会一点点磨灭伴侣对他们的爱意。[6]

我是哪种傻瓜

恋爱关系是双向的，给予，索取，然后再度给予。吸引、兴趣和信任在本质上都是相互的，它们需要有所回应才能得以成长和维持。因此，你对亲密关系的满意度不仅仅与你有多喜欢你的伴侣有关，还关乎他是否也喜欢你。这不仅仅关于你如何向对方袒露心迹，还涉及你的伴侣对此做出了怎样的反应。

如果一件事需要两个人来共同完成，就很有可能出现误解和沟通不善的情况。误解对方意图的情况太多了，你可能会无中生有地感受到对方的心意，或者当对方表达出这些时，你却视而不见。你很难知道对方什么时候是在拒绝自己，或者有时候即使是一些小小的吐槽，你也会把它当作对自己全方位的拒绝。爱情会让我们成为傻瓜，但是你的主导性动机能够告诉你，你可能会成为什么样的傻瓜。

在爱情中，进取型导向的傻瓜总是充满了热切。这些人对积极的事情特别敏感（例如，对方投来充满爱意的一瞥、对方记得你们的周年纪念日)，而对消极的事情就没那么敏感了（例如，最近她和“朋友”史蒂文常常待在一起）。他们可能会选择性地关注积极的信号，也更有可能以积极的方式解释一些模糊的信号。就像《兔八哥》（*Looney Tunes*）里那个多情的臭鼬臭美公子（Pepé Le Pew）一样，他总是自己陷入幸福之中，毫不在意他的“情人”对他并不感兴趣。进取型导向的人常常持续展开热烈的追求，直到对方指出他的越界。

然而，防御型导向的人非但不急于求成，反而往往是过于谨慎的傻瓜。他们会把消极的事情看得非常严重（会算一算她究竟和史蒂文待在一起多长时间）。不幸的是，他们有时对回避被人拒绝的情况过于敏感，以至于总是感受到其实并不存在的对方的拒绝。

了解你可能会成为什么样的傻瓜，可以避免你搞砸一段本来可以顺利发展的恋爱关系。**如果你是进取型导向，你要知道自己有时候可能走得太快了，老是以为对方和自己有着相同的步调，然而事实往往并非如此，你可能要学会慢慢来。如果你是防御型导向，你要知道自己对他人的拒绝可能过于敏感，在没有受到真正的攻击时，就在做出防御型的反应了，你可能需要学会不去草率地做出最坏的结论。**

恋情进展不顺

即使双方所产生的误解和沟通不善并没有破坏亲密关系，在恋爱中，每对情侣也都会遇到磕磕绊绊。你处理冲突的方式与你的主导性动机有很大关系。在双方产生争吵和发生分歧时，防御型导向的人往往会认为他们的伴侣有意地疏远他们，不支持自己的想法和需要。他们天生就是“细节控”，在处理感情上也是这样，他们会关注冲突本身的细枝末节，而不是将这段恋爱关系作为一个整体来考虑。因此，他们会感受到更多的忧虑和不安。（如果你想知道在亲密关系中你是否更偏向防御型导向，请回答以下问题：你的伴侣是否不止一次地问你，为什么你不能试着放手、顺其自然？如果答案是肯定的，这就是一个非常明确的信号了。）

然而，进取型导向的人认为他们的伴侣更为支持他们，他们会使用更具创造性的方法来解决冲突。当恋情进展不顺利时，他们会体会到更多的悲伤和沮丧，而不是焦虑不安。[7]但是，不要认为他们在争吵中的积极态度会让他们彻底摆脱困境，要知道，他们对细节的忽视也使他们更有可能做出不负责任的、冲动的行为，他甚至会忘记你们的结婚纪念日。**因此，当冲突发生时，如果说是一方没有做出他应该做出的行为导致的，那很有可能是进取型导向一方的不当行为引发了冲突。**

继续还是放手

在投资方面，人是很容易被预测的。你把你的钱交给投资顾问，心里想着能有所盈利。如果你赔了很多钱，你会更不愿意把

(已经赔了很多的)钱撤出来。但如果这时出现了另一个极好的投资机会，你就会特别愿意撤出资金了。

事实证明，亲密关系比我们想象中的更像投资。我们想要得到合理的投资回报。你投入了你的资源(在亲密关系中，你投入的是时间、精力和注意力，不光光是金钱)，然后你会想要从这笔投资中得到一些回报，一些让你觉得一切投入都值得的东西。[8] 研究关系承诺的心理学家发现，就像你在任何投资上的决策一样，如果满足以下三点，你将更有可能忠于你的伴侣：①你的收益大于成本，你对此比较满意；②你已经投入了无法撤回的资源(也就是说，沉没成本较高)；③眼下没有其他更好的合作伙伴。

当你的满意度比较高的时候，你的沉没成本是相当大的(比如，你已经和你的伴侣一起生活了很多年)，和其他人在一起也不会过得更为幸福，这时你对现任伴侣的承诺往往会更为坚定。这些因素中的任何一个发生较大的变化(例如，你的伴侣让你感到痛苦、你们在一起的时间不长、非常有魅力的新同事向你搭讪)都可能导致你们的关系出现问题。

进取型导向的人和防御型导向的人对他们的亲密关系有着同等的投入，但以上这三个因素对他们的影响程度并不相同。防御型导向的人很少关注亲密关系会给他们带来什么好处，而更多地关注自己的沉没成本——他们讨厌这样的想法，即自己将失去如此努力建构的一切，什么也不剩。此外，当感受到发展另一段关系可能会更好时，他们也会倾向于维持现有令人满意的关系，而不是开展另一段关系……事实上，他们天生的怀疑主义气质使其不太可能认为另一个伴侣会比现在的伴侣更好。他们倾向于选择一个自己已经熟识的小恶魔，而不是去选择不了解的其他小恶魔——即使这个小恶魔就是自己的爱人。如果你（或者你认识的人）总是执着在一段不幸福的亲密关系中，总是告诉自己事情其实没有那么糟糕，事情本来可能更糟的，那么你（或者你认识的这个人）就可能更偏向防御型导向。

然而，进取型导向的人觉得，天涯何处无芳草，他们对于一段关系的沉没成本没那么敏感。你可能觉得他们因此会更快放弃一段关系，但事实并非如此——对他们来说，达成满意才是最重要的，而且他们常常过分积极。要知道，进取型导向的人特别关注积极的结果和经历，对这些事记得更为清楚，他们本质上也是乐观主义者，总是认为“他可以变好的，他一定能做到的”。因此，他们倾向于从最为积极的方面看待他们的伴侣，对其行为给予正向的解读，这往往让他们即使是与一个自私的混蛋谈恋爱也坚守承诺。如果你（或者你认识的人）一直试图经营一段并不愉快的关系，同时告诉自己一切都会变好的，那么你（或者你认识的这个人）可能就是进取型导向的人。

如何向人道歉

每个人都会犯错，人无完人。为了关系的长久，我们偶尔需要宽恕之心。当然，你是否能够原谅伴侣所犯下的错误，在很大程度上取决于错误的严重程度——他没能坚持自己的健康饮食、在税务上有所欺瞒，还是背着你和秘书在一起了。你能否原谅对方也取决于你的主导性动机，包括以下几个有趣的方面。

首先，进取型导向的人和防御型导向的人原谅别人的原因各不相同。进取型导向的人会因为未来可能有所增益而原谅别人，他们这样做是出于信任，换句话说，他们越信任你，就越有可能原谅你，这样他们就能继续从这段关系中获益。防御型导向的人原谅他人则是为了避免产生更多的损失，他们这样做是为了遵循承诺，他们对这段感情越投入，就越有可能原谅你，来维系这段感情。[9]

此外，当道歉的表达方式与被伤害的一方的动机关注点相契合时，这种道歉会特别有效，更有可能获得对方的原谅。[10]这到底是怎么回事呢？请阅读下面的例子，我们突出显示了那些转移道歉关注点的关键词。

进取型动机导向式道歉

我很抱歉，我必须为已经发生的事情向你道歉。我希望我们之间的关系能在这件事之后向前发展。我感觉糟透了，我想让你知道，我会尽一切努力重新获得你的信任。

防御型动机导向式道歉

我很抱歉，我必须为已经发生的事情向你道歉。这是我的责任，我有责任修复我们之间的关系。我感觉糟透了，我想让你知道，我觉得自己有义务不惜一切代价来不再失去你的信任。

你将在接下来的章节中读到，使听者对你的表述感到动机关注点契合，是传达“正确信息”的好方法，对听者来说更有说服力。这对于恋爱关系和产品营销来讲都是一种真理。

如何寻找最佳伴侣

我们也知道这是一道难以回答的问题。但你可以通过了解一对情侣各自的主导性动机来了解两个人如何相处，不同类型的人成为伴侣会有着非常不同的化学反应。

进取 – 进取型伴侣：爱情来得太快就像龙卷风

这类情侣坐上了浪漫的快车。我们不知道傻瓜是否真的会横冲直撞，但是一对进取型导向的情侣很可能会这么做。承诺和亲密关系随着彼此的信任和情感表露而激增，又进一步进取情侣间的相互信任和情感表露。他们新生的爱恋中充满了阳光和玫瑰，热情洋溢。当然，之后会逐渐枯萎，但那是以后的事。

我们很多人都记得自己在年轻时经历过这样的浪漫爱情——你在 15 岁时爱上的男孩或女孩显然是你的此生挚爱。就像你在 16 岁时爱上的那个，以及又在 17 岁时爱上的那个，等等。不幸的爱情故事中的主角通常也是进取型导向。如果罗密欧和朱丽叶提前有一些防御的意识，他们就会对相爱所带来的麻烦更加敏感一些，而不会愚蠢到试图假死。大多数爱情歌曲的作者也是进取型导向的。“要让每一个夜晚都成为我们的第一个夜晚，每一天都成为一个新的开始……”听起来比“我们每天晚上都要睡得好，每一天都更有安全感……”浪漫多了。

事实上，有一个进取型导向的伴侣可以在很多方面让人受益。研究表明，这样的人更有可能帮助你成为你的理想自我——成为你所能成为的一切。他们会经常肯定你（你是最棒的）、为你提供自我发展的机会（你一直想尝试练习瑜伽，因此我从附近的瑜伽室给你带了一本小册子回家）、直接的帮助（你需要我帮你写简历吗），以及对你提出挑战（你怎么能接受这份工作呢？你的天赋和才能都被浪费了）。[11] 心理学家将这种亲密关系的支持称为**米开朗基罗现象**（Michelangelo phenomenon），就像艺术家一样，你的伴侣帮你"从大理石中勾勒形态、脱胎换骨"，帮助你发挥最大的潜力。

当然，尽管这听上去很美妙，但很多时候，这些被雕琢的另一半并不欣赏对方所付出的努力。他们可能会觉得自己很好，不需要对方费心对自己做出什么改变。最终发现雕塑的内核可能并不是伴侣所想象的那样，这也是很有可能出现的情况。给乐观主义者一个柠檬，他就会做出柠檬水，但是太过努力地想要从你们的关系（柠檬）中得到收益（做出柠檬水）会为你们的关系增添许多紧张、伤害和挫折。

防御 – 防御型伴侣：细水长流的浪漫

如果说进取 – 进取型的爱情像一列快车，那么防御 - 防御型的爱情就像一列马车，缓慢前行，不时停下来让马儿休息一会儿。随着信任感的逐渐加深，亲密感可以在点滴的细水长流中得以增强。这是简 · 奥斯汀经常写的那种爱情故事，两个最终会成为恋人的人不敢说出他们心中的真实感受，直到整本书走向完结，主角终于鼓起勇气说出了这样的话："班纳特小姐，我对你有着无尽的爱意。"

尽管防御型导向的伴侣对于恋爱非常慢热，但是他们一旦进入恋爱关系，就会特别投入。例如，研究表明，他们更愿意将自己的目标与伴侣的目标融合在一起，他们也能够更好地适应伴侣的目标、事业和人生排序，并努力满足伴侣的需求。进取型导向的伴侣更喜欢彼此赞扬对方的成就，而防御型导向的伴侣更有可能牺牲自己来成就对方。[12]

乔恩和他的妻子就很好地诠释了相互奉献的防御 - 防御型伴侣。在就业市场上，学术界的工作是相当稀缺的，因此年轻的研究人员经常被迫在距离家人和朋友数百英里[⊖]远的大学卫星校园里工作。乔恩的妻子心甘情愿地做出了这样的牺牲，跟随乔恩来到她从未想过的地方生活，这样做完全是为了支持他的事业。同样，我们很少在年度会议上看到乔恩（心理学家都喜欢参加年度会议），因为他不想让妻子独自照顾他们年幼的孩子。他们都不会公开谈论对方，我们也觉得他们不会做些“约会之夜”之类的事情，但他们用无数方式表达了对彼此的爱，他们都愿意给予对方无私的支持。

进取 – 防御型伴侣：分而治之

从表面上看，进取 – 防御型伴侣这种搭配会是一场灾难。没有什么能比以两种完全不同的方式去看待所有事情更能引发冲突的了。一方拥抱风险，另一方回避风险；一方是个乐观主义者，另一方是个（防御型）悲观主义者；一方生活随心所欲，另一方每天都列出自己的日程安排；一方在加速，另一方迅速地踩下刹

⊖ 1 英里约 1.609 千米。

车，来确保两人前进的方向正确。我们都知道豆荚里的两颗豌豆能够相处得很好，但如果豆荚里有一颗豌豆和一颗土豆呢？

奇怪的是，最好的关系（这里的“最好”指的是“彼此最为适应和满意”）实际上可能存在于那些混合了进取型动机和防御型动机的情侣之间。正如我们在第 3 章工作场所的例子中所看到的，能够对你的各种追求“分而治之”，这有着明显的优势，在你的个人生活中也是如此。在一段有着不同主导性动机的伴侣关系中，你不需要成为制造所有浪漫和冲突的那个人，双方都可以承担自己最适合的任务，并且知道对方也在很好地扮演自己的角色。（他能想出一个很棒的假期计划，她可以确保他们带上需要的所有东西。）这对已婚夫妇来说尤其如此，他们的目标通常与进步和安全密切相关，为了实现他们的梦想、履行他们的责任，他们需要互相帮助。[13]

研究表明，有着不同主导性动机关注点的已婚夫妇确实比进取 - 进取型伴侣或防御 - 防御型伴侣对关系的满意度更高。但需要格外注意的是，这对夫妻必须拥有共同的目标。换句话说，双方都需要把他们的目标看作共同努力的结果，一种通过不同分工而受益的共同目标。[14] 他们需要感觉到，在他们想要实现的目标面前，他们的想法是一致的，不同的只是他们各自的实现方式。进取型导向的伴侣会承担这项联合任务中行为热切的角色（例如，为他们一起做的饭菜做一种新的调味汁），而防御型导向的伴侣则会承担行为警惕的角色（例如，在烹饪过程中留意时间和温度）。当双方有着共同的目标时，彼此都可以按照自己喜欢的方式做事，而不用争执谁的方法更为正确。以上这些都可以成为爱情得以永恒的秘诀。

写到这儿，笔者意识到我们都处在有着混合主导性动机的婚姻中，享受着这些潜在的好处。这可以让我们有着良好的团队合作，并有助于减少过分热切（对进取－进取型伴侣来说是一个潜在的不利因素）和过度警惕（对防御－防御型伴侣来说是一个潜在的不利因素）。但是，正如我们之前提到的，良好亲密关系的秘诀是双方要有共同的目标，而这并不总是那么容易实现的。在此之前，会有很多由各自关注点所驱动的争论：

那项投资风险太大。

但这样你才能挣到钱！

你让我们的女儿做了什么？

你从来都不让她去冒险！

今年我们去个以前没去过的地方度假吧。

我们喜欢小木屋，为什么要去可能体验不佳的其他地方呢？

对于有着不同主导性动机的伴侣来说，他们的家庭生活有可能更为平衡——他们的孩子既懂得乐观又了解现实——因为他们的亲密关系中同时包含了进取和防御。在他们的婚姻生活中，也会有人来提醒他们，生活不全是得，也不全是失。另外，对于进取－进取型伴侣和防御－防御型伴侣来说，他们彼此有相似的观点，会更自然地实现共同的目标，并对如何实现这些目标有着相似的偏好。这减少了产生冲突的可能性。一如既往的是，凡事都有权衡和取舍。

第6章 FOCUS

决策中的两种关注点

除了呼吸，你每天用来做决定的时间可能比做其他任何事情都多。做出这些决策的过程大多是无意识的，比如前面的车减速时你踩刹车，这是一个决策，只不过它发生得很快，没有经过你的有意识思考，因此可能让你感觉不像是一个决策。但是，当我们有意识地做出一个经过深思熟虑的决定时，不管是去看电影、相亲还是注射流感疫苗，我们通常都会权衡利弊。以下是几个例子：

> 这部电影的预告片看起来棒极了，但是买电影票、爆米花和饮料的钱我可真是负担不起。
>
> 莎拉说他是个很不错的人，但是相亲实在是让人太尴尬、太不舒服了。
>
> 要防御流感毋庸置疑，但我真的很讨厌打针。

我们大多数人都认为自己能够很好地权衡利弊，处事公平而公正，会和所有理性的人一样，最终得出合理而客观的结论。然而，我们虽然是这样想的，但其实没能这样做。我们反而总是会更青睐某些特定信息，根据自己的个人偏好做出决定。哪些信息会受到青睐，哪些偏见会左右我们的思维，在很大程度上取决于我们拥有何种动机关注点。

进取型导向的人在做决定时通常会看重自己对以下问题的看法：为什么做 X 是个好主意，如果不做 X 会错过什么？为什么我要看这部电影，这部电影有多精彩？为什么这个相亲活动值得我去参加呢？为什么接种疫苗是件好事？如果对以上问题的回答让人对做这件事有所期待，他们就会采取行动。如果没那么好，他们就不会费心去做这些事。他们觉得这种决策方式很好，因为他们已经仔细考虑了潜在的积极因素。

然而，防御型导向的人通常更看重自己对另一类问题的看法，并由此来做出决策：为什么做 X 是个坏主意，如果不做我能躲开什么麻烦？看这部电影要花多少钱？去参加这次相亲我会有多不舒服？打针会有多痛？如果答案不是特别令人烦恼，他们就会去做这些事。如果这些事让他们非常烦恼，他们就会忘掉它们。对于一个防御型导向的人来说，这似乎是做决定的正确方式，这让他们认真考虑了潜在的负面影响。

进取型导向的人在做决定的时候会更多考虑有利的方面，而防御型导向的人则对不利的方面更感兴趣。这听起来没那么理性和客观，不是吗？（当然这并不意味着这两种人总是会得出不同的结论，毕竟，有时候有最多有利因素的选项也是不利因素最少的。）为积极和消极赋予不同的权重，只是主导性动机关注点为我们带来的众多偏见之一。

解决方案不止一种

你通常是如何解决问题的？假设我们让你用一大笔钱（比如说 10 万美元）进行投资，并向我们介绍你的投资计划。你可以花一周左右的时间做相关方面的研究，写出一份简短的报告。如果你是进取型导向的人，那么这份报告中肯定会涵盖若干投资计划，供我们选择，因为进取型导向的人喜欢为同一个问题找到不同的替代性解决方案。比如，贵金属板块看起来不错，但科技板块也值得投资，美国汽车股也表现良好；或者你可以选择做些高风险高回报的工作，比如创业。进取型导向的人会认为，每个解决方案都可能会有所成效，为什么要局限于给出一个建议呢？为什么要自我设限呢？（如果你走进一家餐厅，发现菜单上有 100 种不同的汉堡（这种事时有发生），那么这家餐厅的厨师很有可能是进取型导向。）

然而，如果你更偏向防御型导向，那么你在报告中可能只会提供一种（保守的）建议（比如，将这笔钱用作年金）。防御型导向的人不喜欢面对众多选择，他们往往会找到一个自认为有效的解决方案，坚持推进下去。对他们来说，每一个新的（不必要的）解决方案都有可能催生新的错误，让人犯错。最好是通过细致的分析，在深思熟虑之后找到最好的那个解决方案，之后向后推进。(如果你走进一家餐厅，发现这家餐厅没有菜单，你只能点厨师当天要做的菜，那么这名厨师很可能是防御型导向的人。)

我们的同事乔恩和雷在各自的研究中就使用了以上策略。防御型导向的乔恩尽管对心理学，特别是在动机方面了解广泛，但他在过去十年里一直在极其深入地研究某一个核心的动机问题。(我们不能告诉你是哪个问题，否则你就会知道乔恩是谁了，我们实在不想惹上什么麻烦。) 乔恩决定彻底掌握某一个领域的知识，而不是冒险把自己的知识体系建构得过于分散。

然而，进取型导向的雷总是喜欢同时研究不同的课题。他在成就、群体动力学、刻板印象、老龄化、社会信息加工等不同领域都发表了有关动机研究的文章。(可能还有一些我们没有提到的领域。) 雷想，有那么多有趣的问题需要研究，为什么要只关注一个问题呢?

要知道，这与两个男人在单身时对待约会的态度基本上是一样的。乔恩觉得和其他潜在伴侣在一起可能是一场灾难，他想寻觅一位合适的伴侣，长相厮守下去。而雷会尝试和很多不同的人在一起，他觉得每个人都有可能比上一位更好。

恰当的建构方式

假设你想要买一台椭圆机[㊀] (暂时忽略你已经有了一辆常常用

㊀ 一种室内健身器材。——译者注

来晾衣服的动感单车）。看一看以下两种对萨姆萨（Samsa）椭圆机的表述：

萨姆萨：帮你高效锻炼的终极有氧健身器械！

为什么要使用萨姆萨椭圆机进行锻炼？因为它能够在你进行心血管训练的同时，为你的身体进行全面的调理，确保你身体强健！

萨姆萨：具有良好功能的终极有氧健身器械！

如何使用萨姆萨椭圆机进行锻炼？萨姆萨椭圆机的无冲击踏板设计，能够对你的每一步进行缓冲，其多重倾斜设置能够精确而有效地调节你的步幅。

这两种表述有什么不同？你不太确定有什么不同？我们再来看看以下两个关于麦乐迪新型闪存盘（the Melody）的广告。

麦乐迪闪存盘

把数据放在你的口袋里，用耳朵来听音乐！

麦乐迪闪存盘

二合一功能：你同时拥有了一个数据存储设备和一个 MP3 播放器！

如果你猜测答案是“其中一种表述更为抽象，而另一种更为具体”，那么你答对了。你几乎可以用这两种方式表述任何事物，它们可以在你的脑海中以相对抽象或具体的方式呈现。心理学家将这解释为建构水平（construal level）的不同。高层次的（抽象的）建构关注活动的起因——做这一活动能够收获什么。在萨姆萨和麦乐迪各自的第一条广告中，你被告知为什么自己应该购买这一设备——产品的用途。我们习惯将这一广告思维称为“大局观”。

低层次的（具体的）建构关注活动的过程——这一活动是否可行，需要包含哪些步骤。换句话说，这种建构关注的是事情的可行性，而非可以收获什么。萨姆萨和麦乐迪各自的第二条广告则突出了如何使用这一设备——设备的实际结构和工作原理。这种广告思维更多关乎细节而非大局。

进取型导向的人对潜在的收益比较敏感，因此他们更有可能具有大局观。他们想知道为什么自己想要购买某种产品或者参加某一活动，他们会在广告中寻找相关的表述。而防御型导向的人所寻求的是一种安全感，他们往往喜欢深思熟虑，更有可能从细节着手考虑问题。他们想知道使用这个产品或参加这一活动的可行性——它如何工作，是否耐用。[1]

看重大局（目的）抑或看重细节（可行性）不仅会影响产品对进取型导向或防御型导向的消费者的吸引力，还能更有效地激励他们做出行动。[2] 比如，在运动方面，“坚持运动能帮你保持健康的体重”这句话更能激励进取型导向的人，因为它讲的是你为什么要运动。而对于有防御意识的人来说，“运动让你每小时消耗400多卡路里㊀”这句话更有激励作用，因为它所传达的信息集中在运动是如何起作用的。

如果你想要引起听众的注意，你就要了解是应该强调目的还

㊀　1卡路里约4.186焦耳。

是可行性，在实际情境中，我们有时会犯错。2009 年，深受儿童喜爱的《阅读彩虹》(*Reading Rainbow*) 节目因资金不足而被迫停播。这部由莱瓦尔·伯顿（LeVar Burton）主持的节目致力于培养儿童对阅读的终身热爱。它播出了 26 年，比美国公共电视网历史上大多数儿童节目播出得都久［除了《芝麻街》(*Sesame Street*) 和《罗杰斯先生的左邻右舍》(*Mr. Rogers'Neighborhood*)］。以下是这一节目停止播出的原因：

> （来自节目内容经理约翰）格兰特（Grant）说，《阅读彩虹》停播的部分原因当然是资金短缺，但这一决定也可以归因于当时教育类电视节目理念的转变。他解释说，这一转变始于小布什政府时期，教育部更为关注阅读的基础技能，比如自然拼读和拼写。
>
> 格兰特说，美国公共电视网、美国公共广播公司和教育部为"教孩子如何阅读"的相关节目投入了大量资金，而"教孩子如何阅读"并非《阅读彩虹》的节目主旨。
>
> "《阅读彩虹》引导孩子了解为何要阅读，"格兰特说，"这档节目完美体现了，对阅读的热爱能让孩子随手拿起一本书来读一读。"
>
> ——美国国家公共电台早间新闻，
>
> 2009 年 8 月 28 日

没有人会质疑教孩子掌握阅读的技巧这件事，但如果我们不再引导孩子了解为何要阅读，情况会怎样呢？从动机上来讲，"为何阅读"这一更有大局观的理念更能引起有进取意识的人的共鸣。

与美国公共电视网和教育部那些成年人相比，年幼的孩子更有可能具有进取型导向，前者做出的决定出于善意，却常常带有误导性。

如何进行比较

想象一下，有人递给你一份《消费者报告》（*Consumer Reports*）风格的图表，来比较五种汽车（或是共同基金、度假胜地）的不同属性。图表顶部列出了不同选择，划分成列。图表左侧列出了不同的比较维度（例如燃油效率、座位空间），划分成行。问题是，你会如何来阅读这样的图表？

进取型导向的雷在阅读类似的图表时，比如关于度假胜地的图表，他会先去浏览巴黎的种种特质——多样的文化输出、应有尽有的美食、昂贵的物价，然后仔细看看奥兰多市的情况——有孩子们玩的地方，机票很便宜，但没有什么异国风情，等等。在决定是否要去某个地方度假前，他想要对比一下，如果去另外一个地方度假感觉会如何。

防御型导向的乔恩在做同样的选择时，则更倾向于在每个维度上对两个目的地分别进行比较：各自要花多少钱，有怎样的文化特色，食物如何，适合全家人一起去吗？

如果你像乔恩一样，喜欢逐个查看图表的每一行，在每个维度上比较每个产品，这称为**属性处理**（attribute processing）。在比较汽车时，你首先会看车的燃油效率，之后看看车内的座位空间，以此类推。你对这些汽车从一种属性到另一种属性进行逐一审视，在这一过程中形成自己觉得哪辆车最好的印象。然而，如果你像雷一样，喜欢先去了解一个产品的所有信息，对它形成整体的认识，之后再去了解另一个产品，这就叫作**整体处理**（holistic processing）。你会先去了解本田思域的所有特点，之后是现代伊兰特，等等，只有在一一了解所有这些汽车之后，你才会确定哪一辆是最好的。

如果你更偏向防御型导向，你通常会更倾向于采取属性处理，这种方式更为谨慎，它让你能够逐个特征地分析你的选择，一个方面也不落下。而进取型导向的人通常对整体处理更为青睐，这种比较方法可以让你对每个产品都有一种整体的认识。

追求新鲜与循规蹈矩

你正在做出的选择中是否包含尝试新鲜事物，甚至是之前完全没有接触过的全新领域？进取型导向的人通常会这样。“我们去城里那间新开的餐馆尝尝鲜吧。”“我们把客厅重新刷上鲜艳的颜色吧。”“嘿，那是新款苹果手机吗？”他们热切地做出一些之前从未做出的选择，对他们来说，新的经历中蕴含着能够取得进步或有所增益的新机会。正如我们已经多次提到的，令具有进取型动机的人深恶痛绝的，就是错失有所增益的机会。例如，具有进取意识的人很乐意用自己已经得到的东西来等价换取新东西，他们宁愿去工作来获得新的奖励，也不愿重新获得之前失去的东西。

如果你中途打断他们的任务（比如，解字谜），让他们选择继续解这个字谜或者做些别的事情（比如，玩数独），大部分时候他们都会放下解了一半的字谜，去看看数独的题面。[3]他们会做出能够带来改变的选择。

有防御意识的人就不喜欢改变，他们更喜欢稳定、熟悉和传统。他们因知道将要发生什么而茁壮成长起来——这样，他们就可以为所有可能发生的事情做好准备。新的经历中蕴含着新的可能——犯错的可能。有防御意识的人不愿放弃已然了解的确定性，而去面对未知的危险。“你说这是一笔等价交易，”他们想，“事实当真如此吗？”很抱歉，他们会选择去守好自己已然拥有的东西。他们会接着去解字谜，因为字谜刚解了一半，他们无法忍受半途而废。

荒郊野外与人行道上

每个人都希望获得丰厚的回报，尤其是那些具有进取意识的人。但并不是每个人都愿意承担高额回报所带来的风险，你一定知道这里指的是哪一类人。因此，当你必须在高风险和更为保守的选项之间做出选择时，你就能了解自己持有怎样的主导性动机了。这就是为什么，防御型导向的投资者会选择年金和定期存单，而不是个股或者对冲基金。低风险、低回报的年金可能永远不会让他们变得富有，他们愿意接受这一事实，以换取内心的平静——在需要的时候，他们能够随时支取自己的钱。

在正常情况下，进取型导向的人比防御型导向的人更愿意冒险，而非做出保守的选择。但需要注意的是，有时候，有强烈防御意识的人比任何人都更愿意做出冒险的选择。当防御型导向的人发现自己陷入麻烦或危险时，他们会做出一切努力重回安全地带。他们不喜欢冒险，但如果这是唯一能让他们回到满意状态的方式，他们义无反顾。[4] 当人们从新闻报道上得知，一位受人尊敬的银行代表冒险决策并损失了数亿美元投资基金时，人们总是感到很惊讶。我们的猜测是，这是一个防御型导向的人，他拼命试图为已经亏损的账户填窟窿，他不愿接受一点儿小损失，觉得冒更大的风险是唯一可行的选择……如果还未能解决问题，就有必要冒再大一些的风险，如此恶性循环。

倾听头脑与倾听内心

美国家园频道（Home & Garden Television, HGTV）有一档节目叫作《房屋猎人》（*House Hunters*），每一集都有夫妇或个人求购新房子，他们会参观三个不同的房子，最终选择一个最喜欢的。（这个节目还有《房屋猎人国际版》，在国际版中你往往会看到，在海外买房的美国人常被欧洲厨房和浴室的狭小所震惊。）

节目的最后会展示被购房者选中的房子，之后买家会聊聊自己是如何做出选择的。一些买家关注的是房屋的具体特点：

> 这个房子的大小能够满足我们的需求。
>
> 我们非常想要房子里有一个自带浴室的主卧和一个

大后院。

这个房子的价格在我们的预算之内。

另外一些买家则突出他们对自己所选房子的个人情感：

我一走进这个房子就感受到了家的温馨。

这个房子带给我一种温暖、快乐的感觉。

这个房子简直就是“我的梦中情房”。

在形成观点时，具有进取意识的人更倾向于依赖他们的主观经验——他们的感觉。他们会因为某个房子有着一股“美好的氛围”而买下它。对于进取型导向的人来说，一则广告或者老板的激励讲话如果让他们感觉良好（例如感到高兴、兴奋、愉快），他们就更有可能被其说服。他们的思考方式就像电影《星际迷航》（*Star Trek*）中的柯克船长（Captain Kirk）一样，凭“直觉”行事。

有防御意识的人更像斯波克（Spock）。他们更喜欢逻辑推理，更多地依靠信息或论点本身来形成观点。[5]只有当某个房子符合一套特定的客观标准——合适的大小、位置、浴室的数量，房价在预算之内，他们才会买下这个房子。如果做一件事的理由充分，他们就愿意去做这件事。（这并不是说他们没有个人情感，他们只是觉得，在做决策时个人情感并非合理的判断依据。）

决策时效

当你决定是否开展一个项目或任务时，先要计算完成它需要多长时间，这是一个重要因素。

> 妻子：这个周末咱们重新粉刷厨房，你看怎么样？
> 丈夫：嗯……那要花多长时间？季后赛开始了！
>
> 学生：说真的，要读多少年才能拿到博士学位？
>
> 游客：坐地铁去机场比较便宜，但是路程太长了。我需要什么时候出发才能准时到达？

问题是，人们不太擅长估计做事情所需花费的时间。心理学家将此称为计划谬误（planning fallacy），它确实有可能干扰我们的决策，使我们无法实现目标。

研究表明，我们在估计做某事需要多长时间的时候会出现以下几种偏差，由此导致计划谬误的出现。首先，在制订计划的时候，我们常常忘记参考自己的经验。当你的丈夫告诉你清洁地毯需要 15 分钟时，他很可能忘记了，他上次花了一个小时才完成这件事。就像所有教授都会跟你讲，大多数大学四年级学生，在连续写了四年论文之后，似乎仍然不知道自己要花多长时间才能完成一篇 10 页的论文。我们在考虑未来时，不会借鉴我们过去的经验。

其次，我们会忽略事情不会按照计划发展的可能性，常常以为未来总是会朝着最好的情况发展。（乐观的人以及进取型导向的人自然在这一点上更为明显。）去商店买一台新的吸尘器可能要花 15 分钟——如果路上不堵车，如果店里有你要找的型号，如果你马上就能买到它，如果收银台前没有排长队的话，15 分钟确实可以做到，但现实往往并非如此，而我们总是假设一切都会按照计划进行。

最后，我们没有将构成任务的所有步骤或因素完全考虑在内，也没有考虑任务的每一部分会花费多长时间。当你想要粉刷房间的时候，你可能会想象自己能够用一个滚筒快速地把油漆刷到墙上，觉得这花不了多长时间，而没有考虑到你首先要把家具挪走或者用布盖好，用胶带粘住所有的固定装置和窗框，一点点亲手处理所有的包边，等等。

进取型导向的人更有可能忽视潜在的障碍，也不太可能把目标拆分成具体步骤来一一实现，因此他们经常低估完成任务所需的时间。有防御意识的人有些时候也会这样做，但并不经常，因为他们天然就会考虑每一步中可能出现的错误。

购买决策

当你分别从有所成就和安全的角度看待世界时，你的购买决策会变得完全不同。你的主导性动机关注点不仅决定了哪一类产品对你更有吸引力，还决定了究竟是它的哪些特质吸引了你。例如，动机科学中心的同事延斯·福斯特发现，进取型导向的人往往想要购买那些在广告上看起来很豪华或舒适的产品，因为其中满是积极元素。在他的一项研究中，当在太阳镜和手表中进行选择时，有进取意识的被试最容易受到诸如“外观时尚”和“能够设置时区”等特征的影响，这些产品属性几乎没什么必要，只是传达出一种酷或成熟的感觉。红色跑车、热水浴缸、香奈儿包包、300 美元一瓶的红酒，不管你在买这些东西的时候心里是怎么想的，其实你并不是真正需要这些东西。然而如果你是进取型导向，你很有可能至少想要得到其中一个。

防御型导向的人则想要回避那些消极元素，所以他们会购买那些广告宣传看起来安全可靠的产品。在福斯特的研究中，防御型导向的被试更喜欢“保修期长”的太阳镜和“有固定锁扣”的手表。（这些并不是令人耳目一新的产品特征，但话又说回来，令人耳目一新并不是防御型导向的人的决策重点。）在另一项研究中，具有防御意识的被试更喜欢那些在其广告上凸显“百年老店”和“深受消费者信赖，安全可靠”的洗衣机，而不是那些拥有“现有最新技术”和“许多新功能”的洗衣机。[6]

戴安·塞弗（Diane Safer）在动机科学中心开展的一项早期研究为我们提供了另一个例证，说明了不同的关注点是如何影响我们的购买决策的。在他的研究中，研究人员请大学生被试想象他们要买一台计算机（不考虑价格）。研究人员提供了一份与计算机相关的 24 个问题的清单，请他们阅读所有问题，然后选出对自己的购买决策最有帮助的 10 个问题。在这 24 个问题中，有 8 个是关于计算机创新性的问题（比如其多么新颖或者多么高级），8 个是关于计算机可靠性的问题（比如其阻止系统崩溃或解决其他问题的能力），剩下 8 个是关于计算机的其他考量（比如计算机的总重量）。强进取型导向的个体更倾向于了解与创新性有关的信息，而非与可靠性相关的信息，更偏向防御型导向的个体更倾向于了解计算机的可靠性信息，而非创新性信息。[7]

另外，进取型导向的人并非只是喜欢新东西——像是最新版本的苹果手机或者丰田普锐斯，他们也是营销人员所说的新概念产品的忠实粉丝——那些从未出现过的、开拓了全新领域的新产品，比如赛格威（Segway）㊀（以及曾经横空出世的索尼随身听和苹果电脑）。更准确地说，他们是这类产品的唯一粉丝，因为稍有些防御意识的人都不会把自己辛苦赚来的钱花在这些还没有使用数据的产品上。防御型导向的人更喜欢发展成熟的产品——那些我们认为是生活“必需品”的东西。（由于互联网的出现，现在个人电脑被认为是家庭必备品，这就解释了为什么有防御意识的人也开始购买电脑。当然了，他们会先去阅读产品所有的负面评论，来了解其可靠性。）

如果你担心有进取型动机的人是天真的傻瓜，觉得他们只要碰见闪闪惹人爱的东西就会马上买下，那么你可以打消这个念头了。就像更为谨慎的防御型导向的人一样，他们也对全新产品的潜在问题非常敏感，只是这往往发生在你指出那些潜在问题的时候，或是在对话中将潜在问题凸显出来时，进取型导向的人不太去自发地考虑这些潜在问题。[8] **这就解释了为什么进取型导向的人最好带上更有防御意识的朋友去商场购物，这就像是一个伙伴系统，可以看住你的钱。**

同样重要的是要始终记住，即使你有主导性关注点，它也会随着你所处环境的变化而发生变化，之后你的购买偏好和对风险的适应程度也会发生改变。例如，你所购买的东西会引发某种特定动机——如果你想要一种产品，可以让你的孩子远离有毒成分，那么你在做选择的时候就会以防御为主，因为这是一个关乎安全还是危险的决策。你会想要知名品牌的值得信赖的橱柜锁，

㊀ 一种电动代步车。——译者注

而不会过于关心它有多么时尚或新颖。类似地，一个进取型导向的人可能会给自己买一辆华丽的红色跑车，布满花哨的装饰，但到了要给她十几岁的孩子买第一辆车时，这个妈妈很可能会仔细考虑汽车的防抱死制动系统和安全气囊的问题。

我们还应注意到，有着进取意识的购物者和有着防御意识的购物者在某些情况下完全有可能做出同样的选择。例如，你为什么买这本书？是不是觉得它会给自己带来新的收获，来帮助自己在学业上或者事业上取得进步？还是觉得这本书实在值得一读，其中满是你觉得很有说服力的观点，它们基于科学的研究并有数据支持？不同的动机可能会导致人们做出相同的选择，尽管原因不同、特点不同。（对了，我要说，不管你的理由是什么，你都做出了好的选择。）

操纵防范

没有人比社会心理学家更清楚一件事（我们恰好就是社会心理学家）——如果人们知道你在操纵他们，你就不能成功地操纵他们去做什么。如果我们把大学生被试领进实验室，说："我们会做出一些指令和操作，把你划入进取型导向的实验组，之后告诉你，你更有可能购买奢华的护足霜而非实在的磨脚石，因为进取型导向的人更喜欢奢华的东西。"以下是可能会发生的情况：

- 40% 的人会购买护足霜，因为他们①想给出"正确"答案，②想要提供帮助。

- 40% 的人会购买磨脚石，因为他们①不喜欢别人教自己做事，②故意不想帮忙。
- 20% 的人会昏昏睡去，或者开始给朋友发短信……这种事情无法避免。

这就是为什么心理学家在向被试介绍研究时，并不会告诉他们实际操纵了哪些变量，以及预期的结果。同样的道理也适用于从事说服工作的人，比如广告商和政客。有时候你知道他们在做什么，但这绝非他们所想，因为当你不了解操纵的真实目的时，研究数据会更为有效。

防御型导向的人所关注的是可能出错的地方，因此你会发现，防御型导向的人会更敏感、更积极地防范自己被人操纵或说服。有研究显示，他们从一开始就更有戒备心，更有可能捕捉到受人操纵的微妙迹象。当广告商声称消费者更喜欢他们的产品而不是那些“领先品牌”的产品，却没有具体指出是哪些领先品牌，或者公司自己为产品进行质检（而不是给出例如《消费者报告》那样的第三方评估报告）时，他们便会很快燃起怀疑之心。因此，有防御意识的这一类人比较难以操纵。[9] 假设你是一名汽车销售员，这些人会走进你所工作的汽车展厅，告诉你他们的诉求和心理价位，这绝对会毁了你的一天。

学会放手

有时候我们要学会认输。经过时间的检验，你当初确实是在一些事情上做出了糟糕的选择，事情并没有像你所计划的那样发展。你意识到，无论自己在追求什么——当前自己的事业是否成功，是否在修复一段陷入困境的亲密关系，是否要彻底翻修自己的房子——都会让你在经济上或情感上投入过多，或者花费你太长时间。这时，你是选择继续寻找新的机会，还是选择坚持到底并无法避免地牺牲自己的幸福？

我们许多人都会选择“坚持到底”。每个人都曾有过这样经历：当一份工作或一段关系不再令人满意时仍然深陷其中；接下一个远远超过自己能力的项目，而不愿承认这一点。众所周知，很多企业的首席执行官会在项目明显失败后还投入大量人力和资金一段时间，使漏洞越来越深，而不是尝试着从洞里爬出来。（还记得可口可乐公司彻底放弃 New Coke 花了多长时间吗？）

对于那些不能让自己继续前进的人来说，时间、努力和失去更好生活机会的代价是巨大的。如果别人做了这种蠢事，我们能够立刻意识到，但换到我们自己身上就不能了。这究竟是为什么？

这其中的原因是，有多种强大的、很大程度上是无意识的心理力量在起作用。我们可能会把钱花得一文不值，或在一段没有未来的关系中浪费时间，因为我们没有别的选择，或是因为我们不想向朋友、家人或者自己承认我们错了。但罪魁祸首最有可能是我们对沉没成本的极度厌恶。

沉没成本，正如我们在上一章中讨论的，是你已经投入了努力而无法收回的资源。比如你从事自己所讨厌的工作的那些年，或是等待你恐婚的男朋友求婚的那些年。它就像是你花钱将客厅重新装修成了当下最为新潮的风格，却发现自己讨厌住在这个房子里。

一旦你意识到自己可能不会成功，或者你对结果不满意，那么无论你已经投入了多少时间和精力，它们都不重要了。如果你生命中最美好的时光都被工作或者男友所占据，那么任其耗尽你剩下的时光是没有意义的。一个难看的客厅就是一个让你不愿待着的房间，不管你把它装修成这样花了多少钱。

但问题是，你的感受并非如此。付出了很多，结果却一无所获，这对我们大多数人来说都太糟糕了，根本无法承受。我们过于担心继续前进会失去什么，而对不继续前进的代价却思考得很少，因此浪费了更多的时间和精力，体会到更多的痛苦，错失了更多的机会。那么，我们如何才能更容易了解到何时采取决策能减少损失呢？

西北大学心理学家、动机科学中心的同事丹·莫尔登研究发现，当事情出错时，有一个简单而有效的方法可以确保你做出最好的决定：进取型动机导向。那些以进取为主导性关注点的人，或者那些以进取型导向的眼光来思考问题的人（详细信息参见第 8 章内容），他们更容易接受自己犯错误，也更能够承受自己在此过程中蒙受的损失，他们更容易对现状放手，来继续前进。

例如，在一项研究中，莫尔登要求每位被试想象自己是一家航空公司的总裁，该公司计划投入 1000 万美元研发一种雷达探测不到的飞机，目前这一项目接近尾声，已经花费了 900 万美元。此时一家竞品公司宣布，他们自己的雷达隐匿飞机，性能优越，成本更低。研究人员向被试提出的问题很简单：你是继续投资剩下的 100 万美元，来完成飞机的研发（质量较差而且价格更贵），还是熔断损失，继续前进？

莫尔登发现，防御型导向的被试 80% 都选择了坚持到底，也就是将剩下的 100 万美元投入其中，他们想将这场必败之战坚持到底。而通过将关注点放在进取上，被试犯错的概率大大降低了——进取型导向的被试投资剩下的 100 万美元的概率在 60% 以下。因此，当我们把关注点放在我们能得到什么，而不是可能失去什么上时，我们更有可能看到哪些是注定失败的努力，然后继续前进，继续寻找其他可能的收获。

人们并不会总是做出真正理性的决定，这一点我们都非常肯定。但人们的偏好和选择也不是随机的，它们基于一些系统性和可预测的偏见。做出正确的选择通常需要人们能够识别自己的偏见，并在必要的时候做出恰当的处理。**当你是进取型导向时，你要了解到自己会倾向于好的方面，低估完成事情所需要的时间，不太能够意识到自己是被广告或者销售人员操纵了。当你是防御型导向的时候，你可能会不必要地限制自己的选择，过多地考虑坏处，当事情出现差错时，你很难认输。**识别自己的偏见是克服它们的第一步，也是最重要的一步。现在你便知道要对什么引起注意了。

第 7 章
FOCUS

社会中的两种关注点

我们应该生活在什么样的社会中，我们的首要任务是什么？谁来管理社会事务，我们应该投票支持（或反对）谁？社会应该做出什么样的改变？对于这些问题的回答受到许多因素的影响，包括我们成长所处的文化背景、我们的早期教养方式、我们所接受的教育、我们的宗教信仰，当然，还有我们的个人经历。这还将在一定程度上取决于我们把这个世界视为一个充满机会的地方，还是一个充满潜在损失的地方。如果不考虑不同人看待问题所采取的不同动机关注点，就不可能理解种种联结方式——人与人之间、民族之间、国家之间——的关系。

良性运转方式

你为什么会为一些候选人投票或者捐款，而没有选择其他的候选人？尤其是在美国，我们倾向于认为自己的政治观点在本质上是意识形态的产物，它不仅反映了我们对这个世界实际运作方式的觉察，还体现了我们对这个世界最佳运作方式的思考。例如，如果你认为在一个运转良好的社会中，人们需要缴纳更高昂的税费来支持社会项目，或者需要发动平权运动来确保公民机会平等，那么你可能是民主党人或自由党人。如果你认为在一个运转良好的社会里，人们应该缴纳更低的税费，受到更少的政府监管，并承担更多的个人责任，你可能就是共和党人或保守党人。你可能会惊讶地发现，你的政治观点在一定程度上也会受到自己主导性动机关注点的影响。

正如我们在前一章所了解的，当人们是进取型导向时，他们更有可能支持改革，事实上，他们一直热切地想要做出这样的改变。有进取意识的人自然会倾向于支持改革或者进步主义，而非维持现状或者保守主义。[请注意，在谈到进步主义和保守主义时，我们并非在讨论政党问题。要知道，在历史上，共和党和民主党都曾提出改革，例如，共和党的社会保障改革、民主党的医疗改革，而且两党都以竭尽全力捍卫现状而闻名。事实上，进取型导向只会让你在政治立场上更（有微弱的）可能成为民主党人，而防御型导向的人在两党中所占的比例几乎相当]。[1] 当然，正如亚伯拉罕·林肯（Abraham Lincoln）的传记《仁者无敌》（*Team of Rivals*）中所描述的那样，一个明智的政府就像经营良好的公司或婚姻一样，会听取多方的综合意见。

一项特别有趣的研究很好地说明了进取和防御是如何影响我们的政治观点的。研究人员向澳大利亚选民展示了一场（虚构的）全民公决，来讨论是否要推进存在风险的全面经济改革，政府之前从未进行过这一尝试，但它有许多潜在好处。进取型导向的选民一贯支持改革，就算在经济形势没那么糟糕时也是这样。（换句话说，他们会支持许多不是那么必要的改革。）防御型导向的选民则倾向于一直遵循现行制度，即使在国家的确需要采取新政时也是如此。[2]

尽管个体的主导性动机相对稳定，但一个国家的政治格局或经济环境的重大变化能够在整体上使其公民的动机关注点产生重大转变。在生机勃勃、繁荣发展的和平时期，人们更有可能偏向进取型导向。当就业机会充足、市场指数持续上升时，人们会更愿意拥抱变化，更乐于承担风险，并对未来持乐观态度。美国这个国家，在其短暂的历史中，相对于其他许多国家来说，经历了更多的繁荣、增长、和平，因此美国文化特别偏向进取型导向是有道理的。毕竟，美国被称为“机遇之地”，没有什么比这更具有进取型导向的了。

当然，情况并不总是那么乐观，美国也经历了经济衰退、大萧条、工作机会稀缺，以及整个国家处于战争状态的日子。截止到我们撰写本书之前，已经有六位美国总统在战时竞选连任（最后一位总统是乔治 · W. 布什）。即使是在民不聊生的战争时期，他们也都获得了连任。现在你对防御型动机已经有了较多了解，你自然明白为什么会这样了。当我们的国家安全受到威胁，人民挣扎度日时，我们就不太愿意在一个新的、未经考验的候选人身上冒险，我们不想再看到什么“意外之喜”，我们会更忠于现有的领袖，即使我们没那么拥护他。稳定是安全感的来源，也意味着你少了一件需要担心的事情。

当然，有时候，进取型导向的人和防御型导向的人会支持不同的政治候选人，或者在同一个问题上处于相反的立场。但是，许多政治问题会以不同的方式“酝酿”，因此，同样的选票或行动方针可能会对这两种动机都起到作用。以“大政府”㊀问题为例，政府官员应该在多大程度上干预公民的生活？对于这一问题，当政府的举措被表述为确保社会发展和经济富裕时，进取型导向的民众会支持政府干预，而防御型导向的民众会对这样的呼吁置若罔闻。然而，当政府的举措被表述为维护公众和个人安全（或增强国家防御能力）时，防御型动机会使民众强烈支持这些举措。[3]

因此，当人们关注他们必须获得的东西时，他们更容易被强调带来改变、改善和更好生活的政治内容所说服。而当人们关注回避损失时，他们可能会害怕改变（即使改变可能是件好事），对能够满足他们安全需要和维持现状的政治内容最感兴趣。如果你是一名政客，正试图为你的立法争取选民的支持，那么对你来说，记住这一点很重要：你有两种类型的选民，你需要用非常不同的方式来说服这两种人。

㊀ 指对人民生活管得太多、样样管的政府。——译者注

投票的选民

在美国，大约 60% 的合格选民会在总统选举期间参加投票。在中期选举中，这一比例会下降到 40% 左右。从人口统计信息来看，平均而言，年轻人不太可能参加投票，而老年人更有可能投票，女性也比男性更有可能投票。我们的主导性动机又在其中扮演了什么样的角色呢？

我们都不会相信，进取型导向的人或者防御型导向的人会更为关心影响我们生活的政治、经济和社会问题。你可能觉得某一个群体会更关心具体问题，比如国家安全问题（防御型导向）或者机会平等问题（进取型导向），而不是关心更为全面的问题。你可能会觉得每一个群体的选民投票率大致相同。但令人惊讶的是，民众之中有进取意识的人实际上更有可能去投票。为什么会这样呢？

从表面上看，这似乎让人难以理解。毕竟，那些视一切为潜在威胁，并依赖政府帮助他们远离危险的人，难道不会更加关心谁来管理他们吗？的确，他们对此非常关心，但他们还是会待在家里不去投票。问题在于，从理论上来讲，参加投票是一种热切行为，你要做出行动去为某人投票，帮助他获得胜利。有进取意识的人喜欢赢得胜利，他们喜欢做一切能够取得胜利的事情，因此他们觉得投票是件好事，值得自己在午休时间排长长的队去参与其中。

然而，如果你想让人们对某个人或某件事投出反对票，那么有防御意识的人就会成群结队地出现。例如，他们非常愿意参加全民公投。大多数全民公投都是统计公民是支持还是反对修改现行法律，这样就出现了投出反对票的选择。投票反对某件事是一种警惕行为，它能够防止坏事发生，这就是防御意识的核心。这也许就解释了，为什么在2012年的美国全国大选中，如此多的保守派政客强调给奥巴马投反对票的重要性，而并未大肆呼吁要给共和党总统候选人投支持票。因此，在竞选活动中，如果对进取和防御的作用原理有一些了解，一位聪明的总统候选人不仅会说明你为何应该给他投支持票，还会充分阐述你要给对手投反对票的理由。[4] 例如，如果你能说服防御型导向的选民，让他们了解到国家目前的状况很糟糕，甚至处于危难之中，他们就会把对现任总统投反对票视为拯救国家和重建国家安全的必要手段。这时他们不会像往常那样维持现状，而会抓住机会，参与投票，决定谁来掌权。

权力的危险

历史告诉我们，成为主流往往能够得到很多好处。主流人士往往（尽管不总是这样，但通常是这样）掌握着最大的权力，占据着最多的资源，制定着其他人必须遵守的规则。如果你是主流中的一员，这种环境似乎会让你更关注获得利益，因为你比那些少数群体成员拥有更多触手可及的机会。

你是否注意到，主流人士对少数群体成员还是心存惧惮的。

以当前美国移民问题的争议为例，皮尤研究中心（Pew Research Center）所收集的数据显示，超过一半的非西班牙裔美国白人认为，“不断增长的移民威胁到了美国的传统文化和价值观”“现如今移民对于美国来说是一种负担，因为他们抢走了本地人的工作、住房，等等”，尽管事实上，只有 14% 的人表示，他们的确曾被移民抢走过工作。[5]

> “如今，一些美国人确实真实地感觉到，移民突然来到了他们家门口，”圣迭戈大学跨境研究所（Trans-Border Institute）所长大卫·A. 谢克（David A. Shirk）说，“他们对此还并不习惯。他们认为这些群体并不会被美国文化所同化，他们非常担心自己在美国的生活方式最终将不得不因此而改变。”[6]
>
> ——《洛杉矶时报》(*Los Angeles Times*)，2008 年 5 月 1 日

纵观人类历史，少数群体一直被视作对主流群体的威胁。从欧洲的犹太人到中东的基督教徒，再到世界各地的同性恋者，少数群体总是被贴上危险的、具有破坏性的标签，并被认为一直在积极谋划，使主流群体走向灭亡。我们可以从一些美国人对本国日益增长的穆斯林少数群体的态度中感受到他们的这种想法：

> 美国十几个州都在考虑删除伊斯兰教法中某些条款。其中一些措施将限制穆斯林通过宗教仲裁来修改饮食法律和解决婚姻纠纷，而另一些措施则进一步抹黑了

> 伊斯兰生活——田纳西州通过的一项法案指出，联合国大会将伊斯兰教法认定为一套宣扬“破坏美国国家存在”的规则。
>
> 这些法案的支持者认为，这些措施是必要的，以保护国家安全，维护美国的犹太－基督教价值观。共和党总统候选人纽特·金里奇（Newt Gingrich）曾说：“伊斯兰教法是对美国乃至我们所知的世界的自由的致命威胁。”
>
> ——耶鲁大学宗教研究和历史学教授，
> 埃利亚胡·斯特恩（Eliyahu Stern）[7]

事实证明，主流群体的想法往往比我们想象中的更偏向防御型导向。他们非常忧虑，现状对他们来说很好，因为基本上只会更差而不会更好了，以至于他们想要保持现状。因此，主流群体成员往往会非常有动力来坚持他们原本拥有的东西。这时，实际上的少数群体成员开始偏向进取型导向。因为他们（相对而言）缺乏权势，除了进取型导向别无选择。现状对他们来说并不理想，他们想要寻求改变，以提高自己在社会中的地位。权力之争、改革之旅，都是一条进取之路，而一旦争得了权力，保住权力的关键就在于阻止别人夺走权力。

然而，有时候，少数群体的成员会发生变化，不再是进取型导向。你因自己是少数群体的一员而受到不公平的对待，或者总是有人拿你受污名化的社会地位来说事（例如，你的群体在某些方面在社会上被认为是低等群体），这营造了一种威胁氛围，从而增强了你的防御意识。这种情况不仅发生在少数族裔与白人主流群体打交道时，也发生在以男性为主体的环境中工作的女性身上（或者所有让人们觉得自己在工作环境中属于弱势群体的人身上）。在这种情况下，少数群体成员很可能更为悲观、谨慎、厌恶风险，而且更有可能把一些模棱两可的事情解读为消极事件，比如，一个同事或同学在专心做自己手头的事而忽略了自己，就以为对方是看不起自己。[8]

独立与相互依存

在心理学中最为有趣也最为重要的一个研究课题是，文化之间的差异是否与人们如何看待“自我”有关。换句话说，你如何定义“你”？（这可能有点难以理解，我们都已经习惯了用一种固有的方式来思考什么是“自我”，而从来没有认真想过，其实我们还可以用另一种方式来思考它。）

在西方国家（尤其是在美国），人们有着心理学家所说的独立（independent）的自我观。换句话说，只有你才是“你”。你可能和其他人有着亲密的关系，你可能有着自己非常看重的归属群体，但那些都不是“你”。独立的自我观有着非常明显的界限——你是你，其他任何人都不是你。这种观点自然引发了人们对个人目标、愿望和欲望的看重。这种独立的文化最看重独立自主和个人成就，培养了人们更多的进取型动机。

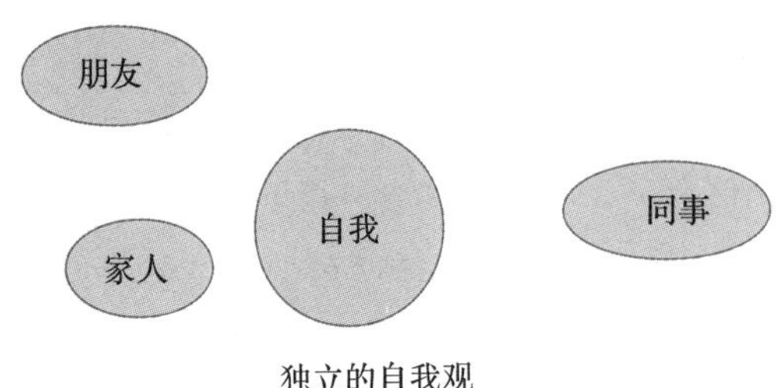

独立的自我观

其他的群体按照个体与自我的亲密程度不同而各异，但不会被纳入自我概念中。

在亚洲文化或者东方文化中（也包括许多南美文化），人们的自我观侧重于**相互依存**（interdependent）。人们最为重要的人际关系成为自我的一部分，以至于我们与家庭或群体一荣俱荣一损俱损。例如，研究中国文化的心理学家发现，与西方人相比，中国人更看重将个人的成功分享给自己的团队。中国学生在解释他们的成就动机时，经常强调他们的家庭或群体所带来的驱动力。[9]他们在学业上的成功常常会成为整个家族的骄傲，而在学业上的失败则会让整个家族蒙羞。

培养相互依存这种自我概念的文化倾向于强调对群体承担责任、履行义务。他们看重和谐地融入群体，成为他人可以依靠的人，而不是特立独行，按照“自己的方式”行事。在这种文化中成长起来的个体往往比他们的西方同龄人更有防御型动机，这也就不足为奇了。[10]

当然，在任何文化中，都会有许多个体并不认可主流观点，比如一些天生就更为注重相互依存的美国人，和一些有着更为独立自我观的中国人。此外，性别也对此有着重要影响——平均而言，在每种文化中，女性的自我观相对男性来讲都更侧重相互依存。即使一个人有着很强的独立自我观，他在某些情况下也会变得更侧重相互依存，例如，在一个团队成员共享成果的运动队或工作团队中。

相互依存的自我观

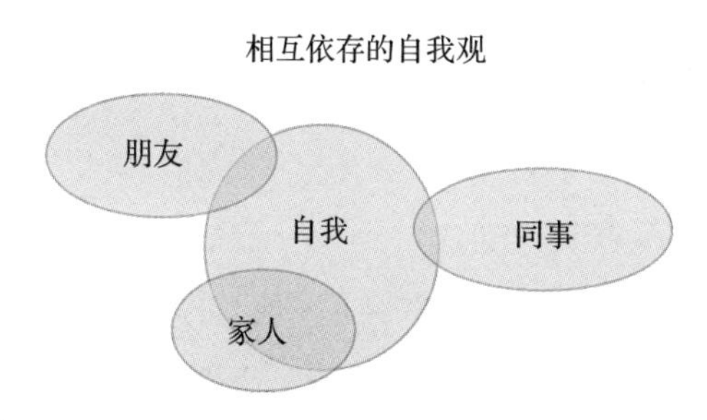

其他的群体按照个体与自我的亲密程度不同而各异，并被纳入自我概念中。

防御型导向的个体更看重相互依存，他们会将一些重要他人纳入自我界限，他们倾向于从“我们对他们”的角度来思考问题。如果你威胁一个防御型导向的人，他可能会感到焦虑和恐惧（这是可以理解的），从而引发逃跑反应，换句话说，他想要远离伤害。但如果你威胁他的群体或其他成员，你就会惹上大麻烦。他会迅速从逃跑反应转为战斗反应。当防御型导向的人采取行动来保护自己的群体（或者自己群体的文化习俗和价值观）时，他们这样做不仅出于一种保护的欲望，还出于一种道德信念的力量——这时选择战斗是正确的做法。他们也比进取型导向的同龄人更支持伤害“他们”，而不是伤害“我们”。[11] 为了进一步阐明这一问题，我们来看看这个例子：原本柔柔弱弱的母亲，为了保护自己的孩子，而准备好了发动攻击。

进取型导向的人更为个人主义，倾向于用“我对你”的方式来思考问题。与具有防御意识的人相比，他们更感兴趣的是为自己所受到的伤害进行反击，而不太可能为群体或团体成员所受到的伤害进行报复。[12]

为何物以类聚

大多数人没有意识到这一点——最能预测你有多喜欢某物或某个人的因素之一，就是你对它（他）的熟悉度。人们自然而然地喜欢一些他们以前见过的东西［心理学家称之为**曝光效应**（mere exposure effect）］，这一过程常常是无意识的，因此你不必为了更喜欢某物或某人而刻意觉察自己之前是否见过它（他）。例如，在一项研究中，研究人员调控了某个学生作为访客参加不同课程的次数。在学期结束时，研究人员向不同班级的学生展示了这名学生的照片，并请他们评价这名学生看起来有多可爱。评价的结果是，在她去参加过 10～15 次课程的班级的同学，要比她只参加过 5 次或者更少课程的班级的同学，明显认为她更可爱，尽管没有一个学生有意识地回忆起在课堂上见过她。[13]

熟悉感并不仅仅来自你以前见过某人。即使是陌生人，如果他的外貌、背景、看法、政治观点与我们相同，我们也会对他感到更为熟悉。这就解释了为什么我们更喜欢属于我们圈子的人，而不是圈子之外的人，圈子内的人通常与我们更为相似，因此我们对他们感到更为熟悉。

当然，我们喜欢那些思维方式、外貌和行为方式与我们相同的人，熟悉感只是原因之一，另一个原因是**社会确认**（social validation)，它确认了我们的特征或信念是正确的或者最好的。人类会很自然地向他人了解这类信息，因为我们通常没有客观标准来衡量自我或者行为，因此我们会环顾四周，看看其他人在做什么，并将其作为某种标准。和我们相似的人会和我们做同样的事情，因此他们会让我们自我感觉良好。

然而，不同会令人不安。为什么另一组认为 X 是正确的，而我们组认为 Y 是正确的？假设你认为 X 和 Y 不可能都是正确的或最好的，这些想法会引发令你不适的紧张心理状态，心理学家称之为**认知失调**（cognitive dissonance)，因为它们似乎是相互矛盾的，有着直接的冲突。解决这一问题并摆脱这种认知失调的最简单方法，就是断定对方是错的。如果人们到处做着错误的事情，那么最简单的方法就是对他们做出负面的推断（例如，“他们疯了”“他们很愚蠢”）。

人们的主导性动机关注点在以下几个方面影响着人际交往过程。首先，或许也是最明显的一点，它为相似性打好了基础。如果你是一个进取型导向的人，你更有可能从其他进取型导向的人——喜欢冒险的同事、理想主义者、乐观主义者——的看法和行为中看到自己和自己的观点。然而，有防御意识的人会在谨慎、负责和有原则的现实主义者身上看到这些自己同样具有的精神。现在你都能够理解他们！

其次，我们的主导性动机关注点影响着我们如何与和我们相似的人（群体内成员）以及和我们不同的人（群体外成员）进行互动。**你越是偏向进取型导向，就越想接近其他的群体内成员，与他们建立亲密的关系，因为这些人最有可能为你提供机会和好处：**

友谊、社会支持、人际联结，等等。你的座右铭是“建立我们”。你越是偏向防御型导向，就越想要尽可能地避开群体外成员，因为这些人是你最不信任的人，他们最有可能不同意你的观点，或者对你造成伤害。你的座右铭是“防御他们”。

有趣的是，你甚至可以在选座位这件小事上看出这些倾向。当一些大学生被试被告知，在心理实验室里有一个放有背包的座位属于他们的群体内成员（比如队友）时，与那些具有较弱进取型动机的人相比，那些强进取型导向的大学生会选择一个离背包更近的座位坐下。（不同程度防御型导向的学生在他们与小组内成员坐得有多近这一方面没有明显的差异。）但是，当背包属于群体外成员（比如竞争对手）时，一种强烈的防御意识导致被试选择了离背包更远的座位。（不同程度进取型导向的学生在他们与小组外成员坐得有多近这一方面没有明显的差异。）因此，当涉及偏爱个体所属群体而非其他群体时，进取型导向的个体和防御型导向的个体会以非常不同的方式流露各自的偏见——“建立我们”VS.“防御他们”。[14]

能否和睦相处

我们大多数人都同意（至少我们对外的态度是），没有偏见和歧视的世界更为美好。人们有权根据自己的行为来判断自己是谁，而不应根据他们所属群体的（受人误导的、彻头彻尾错误的）行为或声誉来遭人评判。但是，由于人类的大脑会对它所接收的所有信息进行自动分类，因此在并无先入之见的情况下公正地评判他人，比许多人想象中的更具有挑战性。

对此的一个根本原因是：大脑的自动分类是一件非常有用的事情。通过将相似的东西放在一起，我们能立即知道如何接触一些从未见过的东西。当你看到一把椅子，你不用看说明书就知道自己应该坐在上面，即使你从来没有坐过那把椅子。当你在咬苹果的时候，你知道你将得到一种尝起来像苹果而不是卷心菜或洋葱的体验，而不需要预先以什么方式来“验证”这个苹果。事实上，你只需要尝一个苹果，就可以知道其余的苹果基本上是什么味道，因为你的大脑创建了一个“苹果”分类，在下次买水果时它能够为你提供指引。这就是人类从过去经验中学习所能获得的好处。

这种分类是如此省时（有时候甚至是救命——比如，不要吃那种蘑菇，因为上次你吃了它就生病了），我们的大脑进化出了快速而有效的分类功能，有时我们几乎察觉不到，这在很大程度上是一件好事。除非我们并非在对苹果进行分类，而是对人进行分类。这时我们可能就会陷入麻烦了，这也解释了为什么即使我们试图避免用刻板印象来评判刚认识的人，大脑中的刻板印象也会被激活。心理学家称这种现象为隐性偏见（implicit bias），多年来，研究人员一直在努力研究，来帮助人们克服这种偏见对思想和行为的影响。

例如，研究人员想要了解，应对隐性偏见的最佳方法是告诉人们要努力实现平等（即平等对待所有人）、助力实现种族和谐，还是努力消除偏见、规避种族不和。哪种方式更为有效？在这种情况下，这两种策略的有效性在很大程度上取决于个体的主导性动机。当个体被告知要努力成为平等主义者，为和谐做出贡献时，进取型导向的人会表现出较少的隐性种族偏见（无法有意识地控制自己的种族偏见）。然而，防御型导向的人，在被告知要消除偏见、规避不和时，会表现出较少的偏见。

呼吁平等主义、消除偏见也会因其所处的语境和背景而产生不同效果。在一项研究中，研究人员调控“支持平等”或者“反对偏见”的座右铭出现在一组积极图片上（比如，黑人孩子和白人孩子在一起玩耍、多种族家庭全家人都在微笑、黑人和白人的手紧握在一起、马丁·路德·金的照片）或者一组消极图片上（比如，穿着白袍的三K党成员、燃烧的十字架、警察打击民权示威者）。研究发现，对于进取型导向的人来说，在更为积极的环境中，支持平等更有说服力；而对于防御型导向的人来说，在消极的环境中，反对偏见更有说服力。[15]

信念被否定会如何

当个体的行为方式与他所属群体的刻板印象完全不一致时，会发生什么？当你遇到一个女性数学天才、一个男护士、一个非裔美国籍的首席执行官，或者一个亚裔美国籍的篮球明星，你会怎样想？一般来说，当世界并不完全按照我们所期望的方式运转时，我们会感到有些不安。我们期望周围环境和其中的人大致有预测性，这样我们就可以制订计划，并有信心来应对所有可能遇到的困难了。你会对一个看起来像苹果，但吃起来像虾的水果作何反应？

对一种信念的否定——即使是对刻板印象的信念——是很危险的。你可能无法有意识地觉察到它，但心理学家可以通过使用复杂的工具来测量心率、皮肤导电率和像皮质醇这样的压力激素。在一个你所能意识到的更深层次上，你的期望不被证实，对此你会感到非常不安。为了摆脱这种威胁感，最常见的反应是试图忽略引发这种感觉的信息，这就是为什么刻板印象在如此多的证据面前仍然存在的原因。

不出所料，有防御意识的个体在他人违背他们的期望时，会感到更为不安。研究发现，他们并没有忽略不一致的行为，反而对其有更深的记忆。事实上，研究表明，防御型导向的人更有可能深入了解那些特征或行为与其信念并不一致的人，他们想知道这些人哪里出了问题，以及他们真正的信念究竟是什么。[16] 他们想要见到一个女性数学天才、一个非裔美国籍首席执行官，然后才能安心，因为他们知道自己对于问题更有掌控感了。因此，尽管防御型导向的人更有可能回避群体外成员，但当他们对群体外成员判断错误时，他们是最有可能重新对其进行注意并且努力纠正错误的人。

进取型导向和防御型导向使我们对当代最为重要的一些社会问题有了深刻认识。哪些社会政策应该改变？拥有权力的人如何看待想要更多权力的人？如何说服选民自发参与投票支持某人（或者反对某人）？我们如何看待“自我”，我们所属的群体在多大程度上组成了“自我”的一部分？我们如何对待不属于自己群体的人？我们如何才能最为有效地跨越刻板印象和偏见等妨碍社会和谐发展的障碍？为了找到这些问题的答案，从事政治、社会活动和教育的人可以多多思考有关动机关注点的问题。

第8章
FOCUS

识别和改变关注点

现在你一定已经很清楚，自己是更偏向进取型导向还是更偏向防御型导向。但是，你如何能够识别他人的动机类型，来为他们分配合适的工作，或者最高效地传达信息？这里的“他人”可能是你的爱人、你的员工、你的孩子、你的学生、你的选民，或者你的产品的潜在消费者。在大多数情况下，你无法像在动机科学中心的我们一样分发量表，来确定他人的动机关注点，这样一点儿也不现实。因此，接下来我们将向你展示，如何使用诸如年龄、文化、个人价值观和职业等信息来做出准确的预测。

我们还会教你如何发现蛛丝马迹：你的员工更关心升职还是保住工作？你的目标消费者更关心产品花哨的装饰还是其可靠性和低成本？当你告诉你的孩子吸烟有害健康时，他认真在听吗？你的风险厌恶型老板能否接受你的创新性想法？甚至是我们喜欢的运动，以及我们在日常对话中的表达方式，都揭示了我们的关注点类型。

了解你的听众的主导性关注点是很重要的，因为人们更容易被他们认为正确的事情所激励，更容易被与自己动机所契合的观点所说服。但在此之前，你需要知道，对特定的听众要使用特定的语言。

来自年龄的线索

你会发现，进取的心态在年轻人中最为普遍，这一点儿也不令人惊讶。[1]青年期是人们关注于未来的希望、关注于未来想要做的事情的一段时期——你尚未背负太多责任，仍然相信自己可以去做任何你下定决心要做的事情。你觉得自己还年轻，不会变老，这或多或少是一种强大的进取型动机。

随着年龄的增长，我们的动机开始发生转变。突然间，我们需要偿还抵押贷款，需要精心经营一个家，需要养儿育女。（在孩子的问题上，新手妈妈们是一个尤其具有防御意识的群体。她们肩负着一项艰巨的任务——想尽办法保护一个异常脆弱的、对这个世界一无所知又一心要探索的婴儿，使其免受这个世界中的细菌、楼梯、尖锐物体和电源插座的伤害。初为人母通常需要时刻保持警惕。）

随着年龄的增长，我们越来越想要留住自己已经拥有的东西，那些我们努力工作来获得的东西。对于痛苦和失去，我们也有了更多的经历和体验，我们在生活中跌跌撞撞，从中吸取了不少经验教训。因此，随着年龄的增长，我们更有可能以一种防御的心态来追求目标。

我们可以发现，这种与年龄相关的动机差异在职场中体现得淋漓尽致，年长的员工对于工作的稳定性和工作时间的灵活性有着更多要求，而对于 30 岁以下的员工来说，是否具有发展技能的机会以及薪资是否与业绩挂钩，这些更为重要。[2]

来自文化的线索

正如我们在第 7 章中所提到的，美国人（或者普遍的西方人）对于自我有着更为独立的观点，因此他们在目标实现上更偏向进取型导向。东亚和南美洲的文化则培养了人们对群体感到更为强烈的相互依存感和责任感，因此他们更偏向防御型导向。

即使是在同一个国家，内部也可能有不同的文化规范，即对事情有着不同的看待方式和处理方式。例如，生活在美国太平洋西北地区（如北加州、华盛顿州和俄勒冈州）的人们相对而言更偏向进取型导向，而生活在美国中西部的人们相对而言更偏向防御型导向。在美国，西班牙裔比其他族裔有着更多防御型动机。[3]

生活在联系紧密的社区中的人们、生活在公平规定（并在很大程度上达成一致）的做事方式中的人们，都有着更强烈的防御型导向。然而，生活在彼此之间联系较少，基本上没有什么规范的地方中的人们，更偏向进取型导向。

来自职业和运动的线索

具有进取意识的人和具有防御意识的人似乎会很自然地被不同的职业所吸引。那些有着防御型动机的人更有可能从事组织心理学家所说的“传统而现实”的职业，比如管理者、簿记员、会计、技术人员、生产工人，等等。这些职业都需要了解规章制度，能够细心地执行，有着一丝不苟的倾向，这些工作都强调了，关注细节才会真正有所增益。

然而，进取型导向的人更有可能从事“艺术性和调查类”的工作，比如音乐教师、文案编辑、发明家、顾问，等等。这些更多是“跳出思维框架”的工作，在这种工作中，人们会因其创造性和创新思维而得到奖励，不太强调现实性。

进取型导向的人和防御型导向的人会选择不同的职业，部分原因是他们受到了不同动机的驱使。**研究表明，防御型导向的员工会根据工作的稳定性、工作条件和收入来评估一份工作的理想程度。而进取型导向的员工更关心一个职位所能带来的自我成长、技能发展和挑战性。**[4]

如果你想知道一个人有着怎样的动机关注点，你可以从他所选择的职业上对此有所了解。但要记住，你不仅要看一个人选择了哪一类工作，还要看这个人是否对自己的选择感到满意。一个总是壮志难酬、抱怨工作的会计师，可能并不像其他选择这一职业的人那样偏向防御型导向。

有趣的是，就像某种工作的职业要求可以帮助你了解从业人员的信息一样，某些运动的性质也可以帮助你了解从事这项运动的人。例如，与网球运动员和体操运动员相比，篮球运动员和橄榄球运动员总体上更偏向进取型导向。体操是一场完美无瑕的表演，只要犯错就会扣分。网球运动员可以通过强力击球来获得一分，但他们也必须关注如何避免失误——如果搞砸了，对方就获得一分。一项要求精确和避免错误的运动对于有防御意识的人来说很有吸引力。

然而，篮球和橄榄球是累积得分的运动，它们对于得分是没有限制的，运动员的一般想法就是在球场上不断进攻得分。出色的防守也很重要，但最终必须利用对手的失误——在抢断或擒杀四分卫后得分——来获得分数并赢得比赛。因此，打篮球和踢橄榄球很适合有进取意识的人。

另外，有证据表明，人们在运动团队中所处的位置也与其主导性关注点有关。例如，在一个橄榄球队中，进攻者（通常是进球的人）比防守者更偏向进取型导向。[5]

来自行为、选择和感觉的线索

到目前为止，我们所提供的信息还不能帮助你弄清楚乔恩的主导性关注点是否与雷的不同。他们的年龄大致相同（大约 40 岁），职业也相同（心理学家），他们都在美国东北部出生和长大。我们真正能够区分乔恩和雷的方法是，观察他们如何做事——他们的日常行为。

如果你有条件观察你的目标受众的行动（例如，你的目标受众是你的员工、你的爱人、你的孩子，或你的学生），你应该不难确定他们是进取型导向还是防御型导向。看一看以下这些来自行为的线索：

进取型动机导向的人

- 工作得很快。他们热切地想要达到目标，快一点得到下一个机会。这可能会导致他们的工作质量受到影响。
- 考虑多种选择。这使他们在头脑风暴和创造性的问题解决上表现优异。这也会让他们不愿意用一种方式做事情，从而引发拖延行为。
- 乐于接受新机会。他们常常会抓住有所增益的机会，即使会有风险。如此开放的态度也会使他们常常超负荷。
- 保持乐观的心态。他们做事情可能很快，却不一定能很好地判断时间，因为他们的计划往往是“最好的情况”，所以他们经常低估任务所需花费的时间。（他们也会对别人的情况感到乐观。他们会说：“别担心，你会做得很棒！”）
- 寻求积极的反馈，否则就会失去动力。消极和怀疑是进取型动机的敌人。他们会一次又一次地寻求你的赞美，让自己坚持下去。

- **感到高兴或悲伤**。进取型导向的人在事情进展顺利时会感到高兴和自信，当事情进展不顺利时则会感到悲伤和气馁。他们通过畅想美好未来来鼓舞自己，在日常生活的起起落落中，他们总是看到积极的一面。对于盛着半杯水的杯子，他们看到的是杯子里还有半杯水。

防御型动机导向的人

- **有条不紊地工作**。他们对快速推进工作这种要求要么理也不理，要么充满敌意。他们所在意的是工作的准确性，而不是速度；他们在意质量，而不是数量。他们不会拖延，而是按时开始，按照工作要求做事。
- **做好万全准备**。他们已经考虑了所有的可能选项，设想了所有可能出现的不利因素和灾难情境，并“做好了最坏的打算”。(进取型导向的人才会“抱以最美好的希望”。)
- **因眼下的截止日期而倍感压力**。仔细思索并为所有可能出错的事情做好准备，这需要许多时间。当时间不够时，有防御意识的人会觉得准备不足，这时他们很容易慌乱。
- **坚持已有的处事方法**。他们更喜欢采用屡试不爽的可靠方法。如果你想尝试一种新的方法，那么你要拿出足够的证据来，证明这种方法很有效并且非常必要。毕竟，防御型导向的人的座右铭是“东西没坏就别修”。
- **对他人的表扬和乐观感到不舒服**。我们能很清楚地看到他们对这些事情感到不舒服，即使有证据表明一切都不会出错，他们也不会真正放松，直到一切都结束。在重要的考试或演讲之前，他们会避开那些进取型导向的朋友，以避免听到“别担心，你会做得很棒”这一类的话，这种“支持”会耗尽他们的动机关注点所需的警惕性。

- **感到忧虑或宽慰**。有着防御型动机的人，尤其是那些成功人士，通常会感到一丝担心或忧虑，即使事情进展顺利，他们也不想失去他们所习惯的警惕性。因此，他们总是在想，如果自己不够细心或者工作不够努力，会出现许多问题。在取得巨大的成功后，他们会暂时感到宽慰，甚至满足……但是只能持续一小段时间。很快，他们会再次紧张起来，担心自己放松警惕就可能发生糟糕的事。对于盛着半杯水的杯子，他们看到的不光是有半杯水已经空了，还会想，如果自己不够警惕，剩下的半杯水也会变空的。

来自个人价值观和表达方式的线索

“安全总比遗憾好”还是“不冒险就没有收获”？我们在日常交谈中所使用的表达方式、我们传达出的“小智慧”，都能让他人了解到我们的主导性关注点。[6] 以下是一些常见的谚语，它们揭示了使用者的很多信息：

有关防御的谚语

一鸟在手，胜过两鸟在林。

（言下之意：在事情尚且令人满意的时候要避免风险。）

发光的未必都是金子。

（言下之意：不要被事物的表面现象所迷惑。）

不要把所有的鸡蛋都放在同一个篮子里。

（言下之意：要分摊风险，提高风险承受能力。）

不要在鸡蛋孵化之前，就开始数小鸡。

（言下之意：不要过于自信或过分乐观。）

欲速则不达。

（言下之意：不要着急，一定要思虑严谨、考虑周到。）

有关进取的谚语

这是小菜一碟。

（这是他们最爱说的一句话。）

悲观的人在机会中看到困难，乐观的人在困难中看到机会。

（言下之意：请保持乐观！）

迟做总比不做好。

（言下之意：如果当下有要去享受和探索的事情，就不要担心截止日期的问题。这一想法让有防御意识的人不寒而栗。）

孤注一掷。

把谨慎抛到九霄云外。

要么做大，要么回家。

（这些也是他们最爱说的话。）

船停在港口固然安全，但这并不是人们造船的目的。

（言下之意：为了大的收益而冒险是值得的。）

战利品永远属于胜利者。

（言下之意：获得胜利才有收益。）

通常，在人们所珍视的个人价值观中，我们能够发现其更偏向进取型导向还是防御型导向。有防御意识的人喜欢遵循传统，他们认为遵守那些公认的行为准则是一件好事，他们重视事情的安全性（他们自己的、家庭的，以及社区的安全性）。还是那句话，“东西如果没坏就别修”，他们拒绝改变，认为改变会使事情变得更糟。只有当他们身处危险当中时，他们才会考虑做出改变，只有当改变是他们适应环境的必要条件时，他们才会做出改变。

有进取意识的人更加看重前进、自我导向和新奇的体验。（对他们来说，“多样性是生活的调味品”。）他们对改变持开放态度，并且随时准备迅速做出改变——如果改变能够带来新的增益。他们知道其中存在风险，但如果有机会取得真正的进展，他们宁愿相信那些未曾谋面的魔鬼。[7]

关注点的转换

有时你不仅想确定某人的关注点，你还想要改变他们的某种关注点。这种情况发生在手头的任务采取特定关注点会完成得最佳的时候，因为这个关注点（进取或防御）的优势与任务要求是最为契合的。你并非只想确认某人的关注点，或者在明知某一关注点不适用于当下任务或情境时还坚持到底。例如，你想要某个员工想出有创意的点子，但你发现他一天到晚都很谨慎，因此相比于一直保持防御型导向来说，他需要一些进取的意识，来将这个工作做得更好一些。如果你想要你那乐天主义的爱人更认真地对待你们的财务状况，你就需要让她将关注点更多地放在防御上一些。或者，当你想要将一款防御型导向的产品卖给一群觉得自己永远不会变老的年轻人时，你也需要暂时改变他们的关注点。

好消息是，事实证明人们很容易就能从一个关注点转换到另一个关注点，至少是暂时的转换。有时这种暂时的转换就已经是他们做出决定或以最佳的关注点完成任务所需要的一切了。当你觉得你的主导性关注点作用不佳时，你也可以使用类似的技巧来改变自己的关注点。你练习得越多，你就会越自然而然地以不同于往日的眼光来重新看待这个世界。

思考潜在后果

也许转换你自己或他人的关注点的最直接方式是，想一想在做出某个特定行为或选择时会发生什么——思考其具体的潜在后果。一个人如果要具有进取型导向，他需要把注意力集中于某个特定情境能够带来什么收获。在实验中，我们请被试思考，通过从马克杯或者钢笔中做出选择，他们可以收获什么（在有关偏好的市场研究中，这是一种热切做出选择的方式），或者告诉被试，如果他们在实验任务中表现良好，他们稍后就可以做一些好玩的事情，比如玩幸运转盘，这样就能有效地将他们的关注点转移到进取上。

如果你的妻子正试图鼓起勇气接手一份新工作，但是她有点担心，离开自己当前的工作而投身于没那么熟悉的领域，这样是否存在很大风险。其实，她应该把关注点放在新工作所能带来的薪酬上涨、更多的创造性和自由，以及激动人心的机会上。她越有意识地考虑自己能够收获什么，她就会变得越偏向进取型导向，也就越容易轻松地进入未知领域。

然而，为了具有防御型导向，一个人需要考虑，如果自己不采取一些行动或者不去做出一些选择，可能会失去什么。我们通过请被试思考，如果不去选择马克杯，或者不去选择钢笔，他们会失去什么（作为一种谨慎的选择方式），来让被试具有防御型导向，或者告诉他们，如果他们不能很好地完成一项任务，他们就得做一些无聊的工作，比如校对。（我们知道这听起来不好玩，但我们从未说过防御型导向会很有趣，它只是有时会非常高效。）

想象一下，如果你的丈夫一直拖延，懒得修理房子，那么你可以让他多一些防御型动机，来让自己动起来。他不应该再去想周末自己要去看哪些精彩的体育比赛，而应该多花一些时间想一想，要是自己不去修理房子会出现什么问题。他需要多去考虑，房子之后会不会贬值，堵塞的下水道会不会让水漫上来侵蚀地基，是不是会使房子的隔热效果变差而在供暖上浪费很多钱。这样的话，接下来他就会拿着他的填缝枪修修补补，来警惕地保卫你们的家园（和钱包）免受寒冬的侵袭。

列出清单

通过让人们列出（或在清单上勾选出）在某些情境中可能发生在他们身上的积极事情，也可以诱导人们发展进取型导向。例如，如果有人请你列出假期中你想做的所有美妙的事情（例如，遍尝美食、睡个懒觉、在海滩上读书），你就更有可能具有进取型导向。然而，如果你列出了你想在假期中努力避免的负面的事情（例如，昂贵的酒店账单、肠胃问题），你就会是一个更偏向防御型导向的假期计划者。[8]

本书作者之一格兰特·霍尔沃森经常使用以上这种策略，来转换自己的关注点。她解释说：

> 在工作上，我非常偏向进取型导向，但在家里，我却倾向于谨小慎微。由于受过严格的德国式教育，再加上身为两个年幼孩子的母亲，我通常会认为我的人生一路充满着各项责任和义务。在我的第一个孩子出生后，我开始看到潜伏在每个角落的危险——世界突然充满了细菌、坏人和尖锐物体——从那以后我就一直如此。因此，享受出国度假这一类的事情对我来说很难。（孩子们在飞机上会不会调皮捣蛋？他们会不会产生时差反应？我需要给他们准备过敏药吗？他们会不会很无聊而一直黏着我们，最终把我们逼疯？）
>
> 这些想法让我无法享受生活，很明显，我需要让自己更偏向进取型导向。现在，当我和丈夫考虑去旅行时，我真的会强迫自己写下旅行将会很棒的所有理由——我们会游览很多地方、参加许多有趣的活动、能与家人和朋友在一起共度美好时光。旅行可能让我们产生时差反应，或者突然生病买不到药，当我感到自己又开始为这些事情而焦虑时，我通读了这份清单，想象这次冒险能让我得到的所有那些好处。突然间，我又开始

期待这次旅行了，而不再担心是否一切完美。

想想未来 / 想想过去

近年来，在研究中最为常见的对关注点进行操纵的方式是，请被试写下一两段简短的文字，描述他们的希望和抱负（进取型想法）或是他们的职责和义务（防御型期望）。当人们写下（或只是想象）自己的梦想时——比如，遇到自己的真爱、在加勒比海拥有一座度假屋，或者写出一本能够获奖的小说——他们会变得更偏向进取型导向。当人们写下自己的责任时——比如，供养孩子、为退休生活储蓄、回馈自己的社区——他们就把关注点转移到了防御上。

无论你是写你的未来（即你想要实现的目标）还是你的过去（即你已经成功实现的事情），这个方法都同样有效。如果你一直有记日记的习惯，那么每当你需要在生活中更偏向进取型导向或者防御型导向的时候，你都可以把一些你的梦想或职责定期记录到日记里。随着时间的推移，你将能够更自然地转换当下你所需要的关注点。

这也是教师可以在课堂上运用的一个很好的技巧。当课堂主题需要学生具有创造性思维时（例如，在艺术课、戏剧课或写作课上），如果能让学生思考一下自己的志向，他们就能具有更有创造性的进取型导向。然而，如果课堂主题需要学生们细心谨慎、计算准确（例如，在数学课和一些科学课程中），那么让学生更多思考自己的职责所在，就会激发更为勤奋的防御型动机，这也能让化学实验室中试剂爆炸的概率降低许多。

采取不同的任务框架

我们最早开发的一种操纵关注点的方式称为**任务框架**（task framing）。任务框架的基本原理是，研究人员请被试做完全相同的事情（比如尽力解开一组谜题），但研究人员微妙地改变被试心中表现良好的标准。如果想要让被试更偏向进取型导向，那么研究人员会告诉他们，表现良好就会有所增益。例如，你用 4 美元来邀请被试来参加实验，你告诉他们，如果他们表现良好，他们将额外获得 1 美元。如果想要被试更偏向防御型导向，那么研究人员会用 5 美元来邀请被试参加实验，但告知被试，如果他们表现不佳，就会损失 1 美元。正如我们在本书前几章曾提到的，这一实验中的两种操纵方式在结果上实际是相同的：表现良好能够得到 5 美元，表现不佳会得到 4 美元。正是这一相同结果的不同任务框架在发挥着不同的作用。

在很多事情上，你都可以采用这种任务框架机制，只要调整其激励方式就好。完成家庭作业的孩子可以去郊游（进取型导向），或者除了没完成家庭作业的孩子以外，所有人都可以去郊游（防御型导向）。员工如果达到了绩效目标就会得到一些奖励（比如奖金、员工福利）（进取型导向），或者如果员工未达到绩效目标就会失去奖金或员工福利（防御型导向）。当员工能够认为执行某些标准是在获得收益，这就是在创造进取型导向；而当员工能够认为未能达到这一标准意味着未能避免损失时，这就是在创造防御型导向。

挖掘不同的自我认知

正如前文所提到的，那些认为自己独立的人往往更偏向进取型导向，而那些认为自己与他人相互依存的人更偏向防御型导向。鉴于此，你可以通过各种方式来改变一个人的自我认知，进而改变他的主导性关注点。**当人们单独处理某些项目时，他们更有可能感到独立（更偏向进取型导向），而当他们在团队中工作时，他们更有可能感到与其他成员相互依存（更偏向防御型导向）**。事实上，仅仅是看个人照片或是一个运动队的集体照、家庭照，就能激活不同的自我认知。[9]

例如，当人们看到跑鞋的广告中更多是个人体育项目（比如，马拉松、游泳、高尔夫、单车）相关的图像时，他们就会更偏向进取型导向，从而更喜欢“这款鞋能增强跑步动力”的广告，而不是“这款鞋能减少跑步的痛苦”的广告。相反，那些看到团队运动（比如，足球、篮球、棒球、橄榄球）广告的人更偏向防御型导向，他们更喜欢主打避免运动疼痛的广告，而不是增强运动力量的广告。[10]

因此，如果你想让你的员工、学生或客户采取进取型导向的心态，就把重点放在个人身上：“你一定能够达成这一目标”“你能够消化这些材料的”“这一产品能给你带来好处”。如果你想要他们采取防御型导向的心态，那就多谈一谈他们在团队中可以做什么：“我们可以一起努力，共同来实现这一目标”“我们可以一起消化这些材料”“这一产品能为你的家人带来好处”。在“我”和“我们”的表述和意象之间进行转换，这是进行关注点转换的最简单方法之一。

榜样的力量

你的母亲是一个具有防御型导向的人吗？她是否总喜欢控制和指挥，不断警告你哪里有着潜在的危险，或基本上四处都是危险？你的哥哥是一个敢于冒险、具有进取型导向的冒险家吗？他是不是那种只带着100美元和一个微笑就去穿越欧洲的背包客？研究表明，如果你和一个有着某种强烈动机导向的人很亲近，那么只是想一想那个人，就足以让你将自己的关注点类型与其靠近。[11] 如果你并不认识这样的人，你可以试着想想有相关特质的名人或榜样。

进取型动机导向的名人

理查德·布兰森（Richard Branson）——维珍唱片、维珍航空公司和维珍银河公司的创始人，白手起家的亿万富翁，保持着多项航空旅行最快速度的世界纪录。

埃维尔·克尼维尔（Evel Knievel）——一名胆大的摩托车手，也是吉尼斯世界纪录“在世骨折最多次的人”的保持者。

穆罕默德·阿里（Muhammad Ali）——世界重量级拳王、社会活动家，曾直言不讳反对越南战争，被《体育画报》（*Sports Illustrated*）评选为“世纪最佳运动员”，绰号“拳王”。

防御型动机导向的名人

玛莎·斯图尔特（Martha Stewart）——作家、设计师、电视名人，自诩为“疯狂的完美主义者”。

弗雷德·阿斯泰尔（Fred Astaire）——世界著名的舞蹈家、编舞家和演员，以其技术控制、优雅、精确和对频繁排练的不懈坚持而闻名。

玛格丽特·撒切尔（Margaret Thatcher）——20 世纪任职时间最长（也是唯一一位女性）的英国首相，保守党和鹰派的代表人物，绰号“铁娘子”。

座右铭的力量

正如谚语能传达出关于其创建者和使用者的信息一样，广告语和座右铭可以展露他们所代表的团体或组织的大量信息。例如，美第奇家族（the Medici family），一个富有且有权势的佛罗伦萨银行家家族，统治了意大利的大部分地区近三个世纪，这个家族有一个恰如其分的座右铭：“用金钱来获得权力，用权力来保护金钱。”美国海军陆战队的座右铭“永远忠诚”警示他们对彼此、对部队和对国家做出奉献。《纽约时报》的座右铭是“任何新闻都是值得刊载的”，创始人阿道夫·S. 奥克斯（Adolph S. Ochs）想表达他对公正报道新闻的坚持。谷歌非官方的座右铭“不作恶”警示公司的领导和员工，他们不应该以牺牲公众利益为代价来实现短期利润的最大化。

选择能够代表自己的价值观和人生哲学的座右铭，你能以此来影响你所在的团体、团队或组织的群体性动机关注点。尽管团队成员最初可能有着各种不同的观点，但随着时间的推移，这些成员往往会发展出心理学家所称的共享现实（shared reality），或者一致的看待事物的方式和处事方式，要么更偏向进取型导向，要么更偏向防御型导向。[12]

研究表明，如果一个团体的座右铭是“有志者事竟成”，那么其成员会逐渐更偏向进取型导向，而如果一个团体的座右铭是

“防范胜于补救”，其成员就会更偏向防御型导向。[13]因此，选择一个正确的座右铭是让你的团队成员站在同一动机战线上的有力方法。

进取型动机导向的座右铭

幸运眷顾勇敢者（Fortune Favors the Bold）

——366战斗机联队

前进（Forward）

——剑桥大学丘吉尔学院

更快、更高、更强（Faster, Higher, Stronger）

——奥林匹克运动会

反思可能（Rethink Possible）

——美国电话电报公司

防御型动机导向的座右铭

学问之果实为高尚的品格和德行（The Fruit of Learning Is Character and Righteous Conduct）

——孟买大学

责任至此，不再推诿（The Buck Stops Here）

——哈里·杜鲁门（Harry Truman）

时刻做好准备（Be Prepared）

——美国童子军

永不回头（Never Again）

——犹太防卫联盟

在本书第一部分内容中，你知道了进取型动机和防御型动机之间的区别，了解了关注点如何影响我们的认知方式——我们所看重的、我们所记得的、我们所感受到的，以及我们的处事方式——我们如何工作、爱、为人父母、做决定以及处理与他人的关系。理解关注点能够帮助你认识到自己和他人的动机的长处和短处，并且知道什么能激发出自己和他人最好的一面。你还学会了如何“诊断”自己和他人是更偏向进取型导向还是更偏向防御型导向，如何在必要时转换自己和他人的关注点。

接下来在第二部分，本书将向你展示，如何利用上述知识成为一个有影响力的人。站在听众的关注点来思考问题，掌握这门微妙的艺术能帮助你以一种有激励性、有参与感、有说服力的方式来设计任务、传达信息。

第二部分

动机关注点契合

第9章 FOCUS

契合才是最重要的

动机科学中心的同事乔恩和雷最近面临着一个重要的最后期限——他们都在申请美国国家科学基金会的研究经费。申请的文书工作非常繁重，与之相比，申报个人所得税简直就像是在海滩上散步一样轻松。处理这样一项复杂而枯燥的工作需要很强的动机，我们在第8章曾讨论过，要么进取要么防御，而现在并非那种拥有这两种动机中的一种就能完成任务的情况，重要的是动机要足够强。那么，我们应该对乔恩和雷说些什么来增强他们的动机，从而完成工作呢？你将在本书的其余章节中看到许多例子，如果你根据对方的关注点来调整所传达的信息，你就可以有效地激励别人表现得更好、使别人想要得到某一产品，或者接受某种想法或信念。我们已经了解到，与雷的关注点相契合的鼓励并不适合乔恩。但是，到底怎样才能建构动机关注点契合呢？

满足人们的需求

我们最为熟悉的**“契合”**（fit）的意思是指某人的想法、行动或者产品所提供的功能和他的需求之间能够一一对应。（对乔恩和雷来说，申请美国国家科学基金会的拨款与他们对研究经费的实际而迫切的需求相契合。）当然，营销人员喜欢兜售一些故事来塑造或影响客户的想法，引导客户购买他们的产品。因此，雅皮士自由主义者会想要开一辆普锐斯，因为普锐斯的广告故事里讲“普锐斯很智能，也有环保意识”，而这正是他们想要追求的样子。对于女儿的第一辆车，忧心的父母会选择一辆沃尔沃，因为它的故事是“沃尔沃始终把孩子的安全放在第一位”，这正是父母所期盼的。

但我们的研究表明，动机关注点契合是一个更为微妙的概念，而不仅仅是“人们想要什么就给他们什么”或者“让你的产品符合他们的需求”。简单来说，动机关注点契合不但发生在人们想要的东西和他们所得到的东西之间，而且发生在他们想要的东西和他们如何得到这一东西，即他们实现目标的方式之间。[1]

例如，你可以通过少吃东西或多做运动来减肥；你可以通过拥抱风险，或者像躲避瘟疫一样躲避风险，来实现你的退休梦想；你可以通过多说一点，或是少说一点，来给人留下好印象。人们都有着自己偏好的处事方式，不仅是对于结果，还对做事的过程有所偏好，这些偏好是由他们的进取型动机或者防御型动机所决定的。当我们当下的动机关注点被我们的决策方式、我们所思索的信息，或者我们为追求目标所采用的特定策略所维持或支持时，我们就在体验“动机关注点契合”。因此，乔恩需要以一种能够维持他防御型动机的方式来处理他的经费申请工作，保持或是增强他与生俱来的警觉性。然而雷需要一种契合他进取型动机的方式，增强他天生的热切心态。

有影响力的人习惯于思考人们想要什么，但往往忽视了这样一个事实：人们对于获得想要东西的过程通常也有自己的偏好，这些偏好可能和他们实现目标本身的愿望一样强烈。人们在感受到动机关注点契合时，会“感觉很对”，他们会更投入自己的事业中，更良好的感觉和更强的参与感反过来会让他们感受到更多价值感。[2] 如果乔恩和雷体验到动机关注点契合的感觉，他们就能够更有动力按时完成他们的申请。而且因为他们更积极地参与到这一过程中，所以他们将更重视经费申请的文书工作，并在这一方面表现得更为出色。

人们如果能够体验到动机关注点契合，那么他们对于你的产品或想法会更加着迷，对自己的感受更为坚定，并为此付出更多。[3] 相比其他竞品，他们会更信赖你公司的洗衣粉（候选人、销售活动）。当他们在倾听你对任务的表述时，或者当他们收到你的反馈时，他们会觉得这些内容更为公正，他们会投入更多，工作效率也会有所提高。

这种技巧是非常微妙的。例如，如果你想把汽车卖给雷和乔恩，那么你应该对进取型导向的雷说这辆车有着“更长的续航里程”，而对防御型导向的乔恩说这辆车有着“更低的燃油成本”。你应该将雷的关注点牵引到这个方面——如果他买了这辆限量版汽车，他能有一些“额外的收获”（毕竟雷喜欢所有最新的和最好的东西），而在对待乔恩时强调这一点——如果他不买下这辆汽车，对他来讲有多大的损失（他不想犯下购买劣质产品的错误）。如果你认为这些差异并不重要，只是用词的不同，那么你就错了。

顾客最终得到的东西可能是相同的——雷和乔恩实际上最后可能会买同一品牌和型号的汽车。但是，他们为何会购买这一汽车，这与他们的关注点有着密不可分的关系——是通过进取型导向的策略，抓住机会获得好东西（例如，更长的续航里程、额外的收获），还是通过防御型导向的策略，避免买到坏东西（例如，更高的燃油成本、劣质产品）。对于你想要传达的特定信息或是产品，了解使用哪一策略能够对你的员工、孩子、学生或客户有效，这是创造动机关注点契合的关键。

在这一章中，我们将描述创造动机关注点契合的基础，并向你展示如何预测其何时会发生，以及为什么会发生。让我们从我们最喜欢的一个例子开始——醴铎（Riedel）酒杯的市场营销，这个例子很好地展示了动机关注点契合的力量。

用契合的酒杯喝酒

赛斯·高汀（Seth Godin）在他颇具影响力的畅销书《营销人都是大骗子》（*All Marketers Are Liars*）中，描述了醴铎酒杯的成功是如何得益于其广告故事的，以及这个故事如何改变了消费者的体验。这个故事所体现的是方式方法的重要性。

喝好酒的动机是进取型导向的，它关乎愉悦感、精致感和地位的象征。没有人会花 100 美元买一瓶酒，只是为了喝起来更安全，或者因为它物有所值。还有一些相当有说服力的证据表明，大多数人实际上无法在双盲测试中区分出哪瓶是昂贵的葡萄酒，哪瓶是价格低廉的葡萄酒。但这并不能阻止（进取型导向的）人们对昂贵葡萄酒的热切，因为在他们的内心深处，他们仍然相信，好酒本就应该值更高的价钱，这种想法使它成为一种奢侈品，从而让人们想喝更贵的酒。因此，将你的葡萄酒定价为 100 美元一瓶，而不是 10 美元，这就是一个很好的例子，即考虑潜在客户的信念，使产品与客户的需求相契合。

另外，对于喝葡萄酒用的酒杯来说，与其考虑人们想要什么，不如考虑人们如何喝酒。用 20 美元的醴铎酒杯来喝昂贵的葡萄酒会让人感觉很对味，因为这似乎是将昂贵而高雅的葡萄酒从瓶中送进口中的恰当方式。用最好的杯子喝葡萄酒，是为了达到品尝最好的葡萄酒的目的，这就建构出了一种契合感，这种契合感让整个品酒体验得到了升华。

事实上，葡萄酒鉴赏家确实曾经说过，用醴铎酒杯盛的葡萄酒口感更好，尽管科学检验的结果显示，用醴铎酒杯盛的葡萄酒和用 1 美元酒杯盛的葡萄酒并没有什么区别。但正如高汀所指出的，虽然两种视角并没有什么差异，但向顾客描述两种产品所产生的差异却是真实存在的。然而，他和醴铎酒杯的员工可能没有意识到，这并不只是由于说辞不同——葡萄酒的实际体验价值会因为动机关注点契合而得以提高。

契合的体验

正如我们之前所提到的，“契合”体验的本质是，能够以一种滋养（而不是破坏）进取型动机或防御型动机的方式来追求自己的目标。换句话说，就是根据你的动机类型，按照你想要的方式来处事。热切（例如，大胆、乐观、敏捷、抓住机会）与进取型动机相契合。如果你处事的风格较为大胆，你就更有可能有所增益，而且你不会拒绝前进的机会。警惕（例如，小心、准确、避免犯错）与防御型动机相契合。如果你处事较为谨慎，你就能够更好地避免损失，也更不容易犯错误。

当我们问人们这种契合体验感觉如何、这是一种什么样的体验时，他们会很认真地告诉我们，这是一种“感觉很对”的感受。在这里，感觉“很对”和感觉“愉快”是两码事。认为未来将要遇到的都是阳光与玫瑰，这可能会让人感觉愉快，但对一个防御型导向的人来说，这样想会让他们“感觉哪里不对”，因为这种想法有着天然的危险性，而有条不紊地为最坏的情况做准备会让他“感觉很对”，尽管这样想根本不会让人感觉愉快。

让防御型导向的人最为恼火、难以忍受的一件事是，有人劝诫他们不要自寻烦恼，何苦要想那么多，要快乐一点，自己一直都是这样处事的。我们要明白，防御型导向的人的很多想法并不能给他们带来快乐，但会让他们“感觉很对”。这种契合的体验是很重要的，因为了解到某些想法与自己的底层逻辑相符，这可以让人体验到一种高效能的满足感。

说服的两种路径

当人们“感觉很对”时，他们会更容易被你的信息说服——无论你是在建议他们买你的牙膏、完成家庭作业，还是让他们去转岗。但是，“感觉很对”究竟是如何转化为更有效的说服的？事实证明，动机关注点契合通过两种不同的机制来影响你对某个想法或产品的态度，这取决于这个想法或产品对你的重要性。

如果它对你很重要

如果信息中涉及一些重要的事情，或一些与你高度相关的事情时，感觉很对或是体验到契合会增加你对自己判断的信心，从而影响说服力。这样做会强化你对自己所见所闻的反应（要么更为积极，要么更为消极），你最初的感觉或观点会变得更加强烈。然而，感觉哪里不对或是完全不契合的体验会削弱你的反应（要么不再那么积极，要么不再那么消极）。

如果你是一个真正的汽车发烧友，并且正在翻阅你的《汽车潮流》（*Motor Trend*）月刊，你可能会特别注意汽车广告，对每一款新车型有着不同的看法。如果你也能够从汽车广告中感到契合（比方说，某个汽车广告是围绕产品能够使顾客有所增益来设计的，那么对于一个进取型导向的人来说，就会产生契合的体验），那么你会感觉很对，对自己的判断更有信心。如果你喜欢某一新车型，你会因为感到契合而更喜欢它，如果另一新车型完全让你倒胃口，比方说你觉得它太四四方方的，很无聊，你就会因为感到契合而更加不喜欢它。

如果它对你没那么重要

然而，当广告内容涉及一些不重要或与你个人无关的事情时，你甚至不需要权衡利弊就能做出判断。你对它没那么在意，不会想要对它进行一番评价。你只会用感觉很对来作为一个方向——如果我感觉很对（契合），那么它一定是一件好事；如果我感觉哪里不对（不契合），这一定不是一件好事。

假设你并非一个汽车爱好者，你分不清保时捷和庞蒂克，你也正在翻阅你的订阅报纸，这时你可能就不会特别注意汽车广告，只是粗略看上一眼。如果你也从广告中体验到契合（这一次，广告是围绕产品能够使顾客避免损失来设计的，对于一个防御型导向的人来说，就会产生契合的体验），那么你会感觉很对，这种感觉将形成你对广告上汽车的基本看法。如果你对本田雅阁的图片感觉很对，你就会对雅阁产生好感。（不过，如果这一广告建构出的是不契合的体验，你就会觉得哪里不对，不再那么喜欢它了。）

让我们用一个研究案例，来再次解释说服的这两种路径。研究人员请被试看一个描述喝咖啡对健康的负面影响的广告，相关内容包括“咖啡阻碍维生素 C 的吸收”和“爱你的身体，而不是你的咖啡。请减少咖啡因的摄入量”。在一个实验中，研究人员还告知被试，这则广告计划在下个月展出于一个全国性的活动中，广告商将会非常认真地研究活动参与者对这则广告的反应。

参与者的意见非常重要，因此广告商将广告设计得与个人息息相关。结果，所有的参与者都关注到了广告内容。由于该内容主张减少饮用咖啡，这使得他们对咖啡的态度变得更为消极。在阅读信息时，那些体验到动机关注点契合的人对咖啡的态度明显比那些不契合的人更为消极。换句话说，契合强化了他们对（消极）广告内容的（消极）反应。这个（在很大程度上是无意识的）思维过程看起来像是这样：

有动机关注点契合体验的参与者：在关注到广告内容之后，我对咖啡产生了一种看法——它不是好东西。我觉得我的这一看法是对的，咖啡确实不是什么好东西。

有动机关注点不契合体验的参与者：在关注到广告内容之后，我对咖啡产生了一种看法——它不是好东西。但我觉得我的这一看法不对，咖啡肯定没那么糟糕。

在另一个实验中，参与者关注到了同样的广告，但被告知这是一则广告的初稿，可能明年才会投放，也可能不会。对于这一组参与者来说，广告内容并不是特别重要，也并非与个人息息相关，所以没有必要特别关注其所传达的内容。相反，被试可以用他们感觉很对（或是感觉哪里不对）来作为自己对咖啡态度的参照。在这个“内容没那么重要”的情境中，动机关注点契合使参与者对咖啡有着更为积极的态度，而动机关注点不契合则使参与者产生更多的消极态度。[4] 在这种情况下，他们的（也在很大程度上是无意识的）思维过程看起来像是这样：

有动机关注点契合体验的参与者：我不太关心这些内容，因此我不会太去关注咖啡。但现在我觉得咖啡不错，它肯定是个好东西。

有动机关注点不契合体验的参与者：我不太关心这些内容，因此我不会太去关注咖啡。但现在我感觉咖啡哪里不对，它肯定不是什么好东西。

那么，这些对你、说服者或激励者来说意味着什么呢？你如何利用这些知识来更有效地与你的听众交流，无论“你的听众”是你的员工、你的学生、超市购物者，还是你的孩子？简而言之，在向你的听众传达一些对他们来讲并不重要的信息时，比如一些琐碎的事情（例如，要买哪个品牌的汽水），或者他们不太了解的东西（例如，超级政治行动委员会是如何运作的），又或者是一些只会影响到其他人的事情（例如，外国援助），使听众对信息本身感到动机关注点契合，会让你的观点对他们来说更有吸引力。

然而，如果一些问题对你的听众来讲很重要，那么你需要确保这些内容不仅会让你的听众感到动机关注点契合，它们还要包含一些有力的观点。有力的观点能够说服你的听众接受信息中的结论，有动机关注点契合的体验而感觉很对，从而使他们对已经得出的结论更有信心。相反，如果你在一个对听众来讲重要的问题上使用蹩脚而没有说服力的论点，并使其感受到动机关注点契合，也对自己的判断更有信心，他就会觉得反对你的结论是正确的，你的情况就会变得更糟。因此，当问题对他人来说不重要时，即使你的论据薄弱，你也可以利用动机关注点契合来达成目的。但当问题对他人来说很重要时，你需要有坚实的、令人信服的论据，才能利用动机关注点契合来实现目标。

内容的流畅性

大多数讲英语的美国人都能听懂英国女王、安东尼·霍普金斯（Anthony Hopkins）以及《美国偶像》（*American Idol*）的前任主持人西蒙·考威尔（Simon Cowell）的话。尽管这些人有英国口音，美国人还是能听懂他们在说什么。但奥兹·奥斯本（Ozzy Osbourne）、电影《猜火车》(*Trainspotting*) 的演员以及歌曲《杰作》（*Masterpiece*）的音乐短片的主演却并非如此。他们的口音完全不同，理解他们讲话是一个挑战。即使这些人和美国人使用着相同的语言，美国听众也会感到听起来没那么流畅。换句话说，更难加工他们所传达的信息。

我们用来销售产品的广告，以及我们用来激励员工、学生和儿童的反馈，在流畅性（易加工性）方面也会有所不同。关于流畅性的研究表明，一般来说，人们更喜欢那些自己容易理解的东西，而不喜欢复杂或者有点矛盾的东西。也许这就解释了为什么英格玛·伯格曼（Ingmar Bergman）的瑞典经典作品《第七封印》（*The Seventh Seal*，讲的是一位中世纪骑士向死神赌了一盘棋的故事）比西尔维斯特·史泰龙（Sylvester Stallone）的《第一滴血》

（*Rambo*）粉丝更少。

一种增强你所传达内容流畅性（以及由此衍生出的说服力）的方法，是确保其能够建构动机关注点契合。淳果篮（Welch's）的葡萄汁广告将这款著名饮料描述为能够让人“获得能量”，使其成为一款进取型导向的产品。当广告内容本身也是围绕着消费者能够有所增益时，消费者会觉得这则广告更容易理解，对该品牌的评价也更为积极。比如“变得精力充沛”，而非围绕着避免损失的“不要错过变得精力充沛的机会”。

当淳果篮葡萄汁被描述为富含抗氧化剂，可以防御癌症和心脏病，从而成为一款防御型导向的产品时，这种围绕着避免损失的广告内容“不要错过防御动脉阻塞的机会”会比围绕着有所增益的“防御动脉栓塞”更为流畅而有效。[5]

因此，如果你想要确保你所传达的内容简明易懂、易于理解，就应该用令人感到动机关注点契合的方式来传达它。人们会“理解”你所说的话，并产生更为明显的反应。

其实我们了解契合

当研究人员把一篇论文提交给期刊评审之后，他们会（在好几个月后）收到一则遵循特定格式的回复。期刊编辑首先会强调这篇论文最为突出的优点——那些好的地方。接下来是一份有关这篇论文缺点的清单——那些做错或者没能实现的地方。最后，得出意见，修正做错的地方，这样文章就能发表了，否则就会退稿。

当你收到编辑的这封回复时，无论你是谁，你会做的第一件事就是跳到结尾。毕竟，最后能否发表的意见才是你最看重的。但是接下来你会读哪一部分——赞美还是批评？如果你像雷一样，你可能会回到开头来看看编辑说你哪些地方做得好，哪部分研究很有前景。但是如果你更像乔恩，你可能会直接跳到批评的部分，尽力搞清楚自己的研究哪里有问题，以及如何改进，并在以后避免出现类似的问题。

在某种程度上，人们通过对反馈（或者有说服力的内容或产品）的关注来定期为自己建构一种动机关注点契合。[6]换句话说，你根据与自己相契合的关注点，形成了自己的观点，做出了选择，然后采取了行动，而忽略了那些与你的关注点不相契合的方面。

例如，进取型导向的购物者更倾向于关注产品能为自己带来什么的表述，比如某种牙膏能使牙齿美白、口气清新、加固牙釉质。而防御型导向的人对牙膏能够帮助他们防御蛀牙、牙菌斑和牙龈炎的表述更为敏感。

因此，如果你所传达的信息中包含了得失、利弊、正误，那么你可以相信听众会有选择性地进行调整。他们会特别注意哪些与自己的关注点相契合，而忽略掉不契合的。

他们对于某种信息有着更多的投入和注意力，这之后会转化为对其更深的记忆。[7]如果你想让人们记住你所传达的信息，或者让你的产品从海量的竞品中脱颖而出，那么你可以结合动机关注点契合来进行信息传达。

另外，消除听众对与其相契合信息的注意偏好的一种方法是，让你的听众相信，这个信息对他们非常重要。当某件事真正重要时，人们更有可能全面地了解并批判性地评估所有信息。（但要确保你有强有力的论据。）

契合增强合理性

我们不得不做的最艰难的事情之一就是向人们讲他们不想听到的事情。

> 你这次不会得到升职的。
>
> 我们今年不打算去度假。
>
> 你不能开我的车去和你的朋友公路旅行。
>
> 我知道你已经觉得自己工作很饱和了，但还有三个新项目需要你在这个季度完成。
>
> 不是你的问题，而是我的问题。

坏消息就是坏消息，这个事实是无法掩饰的，永远不要指望自己能够美化它。但你可以让人们对坏消息感到合理，从而在传达坏消息时降低它的攻击性。

让人们对坏消息感到合理的关键是，让你的表达方式与听众的动机风格相契合。例如，假设你是一名企业高管，必须通知你的员工最近整个公司要进行“重组”——这一消息通常会引起员工的抱怨和沮丧。这时你可以使用围绕“有所增益”的框架模式来说明重组的合理性（例如，重组将“使公司获得更高的利润”），突出其潜在的收益（有时这被称为“画饼”）。或者你可以使用围绕“避免损失”的框架模式（例如，重组能够“避免进一步的财务损失”），来强调可以避免哪些危险（有时被称为“燃烧的平台”演讲）。[8]

正如我们所想的那样，有进取意识和有防御意识的员工在对坏消息做出判断时，如果感受到动机关注点契合，他们就会觉得坏消息更为公正。公众对公司行为的看法也会受到动机关注点契合的影响：当戴姆勒－克莱斯勒集团公司（Daimlerchrysler）的裁员决定被表述为“能够提升市场份额”时，具有进取意识的人会认为裁员明显非常公平合理，而具有防御意识的人则会在裁员是为了“防止市场份额流失”时，才会更加看好这个决定。[9]（如果雷和乔恩的研究经费申请被拒绝了，雷会更愿意听到评审者回复“我们致力于接受最好的提案”，而乔恩会觉得评审者回复“我们仔细筛选，只留下最好的提案”更为合理。他们对这两种回复都不会感到很开心，但至少这两种回复会让他们各自没那么沮丧和崩溃。）

动机关注点契合到底是如何增强合理性的？从本质上说，这是因为它减少了人们在听到坏消息时所产生的“本可以……”和“应该……”的想法。当人们有糟糕的经历时，他们会进行心理学家所称的**反事实思维**（counterfactual thinking），或者反复质问自己“要是……就……”，来考虑是否自己受到了合理的对待。

“本可以……”的反事实思维包括：要是决策者采取了另一种行动，事情是不是本可以有所不同？换句话说，某件事是不可避免的吗？我的公司除了“重组”还有别的选择吗？评审者是否本可以为我的研究计划提供研究资金？

“应该……”的反事实思维包括：决策者是否应该采取另一种做法？换句话说，他们是否在故意做错事？这样是不道德的吗？公司高管砍掉较低级别员工的工作是否只是为了中饱私囊？我的提案被拒绝是因为评审者对我个人有意见吗？

当对“本可以……”和“应该……”的反事实思维做出“是”的回答时，人们更有可能认为他们的处境是不合理的。但当人们由于动机关注点契合而对目前的处境“感觉很对”时，这种情况就不太可能发生，在感到动机关注点契合的时候，人们会觉得不太需要提出（和回答）这些问题。

因此，下次当你发现自己需要将一个显然正在挣扎的团队成员手中的项目转交给另一位同事时，你会知道是把它表述为“把你的精力投入到其他任务的机会”（针对进取型导向的同事），还是“避免超负荷工作的危险”（针对防御型导向的同事）。当你说出“不是你的问题，而是我的问题”时，你就会知道是该说“放你自由，去寻找其他的幸福”（针对进取型导向的前任），还是“不要再浪费你的时间了”（针对防御型导向的前任）。

在本章中，你已经了解到，当你体验到动机关注点契合时，你会“感觉很对”，进而更为投入，更容易对信息进行加工和记忆。你会对他人的反馈感到合理，工作表现也会变得更好。而这仅仅是一个开始。现在既然你已经了解了它的工作原理，接下来就可以看看它能为你做些什么了。

在第 10～12 章中，我们将更深入地了解，动机关注点契合如何影响消费者对从防晒霜到咖啡杯再到健康保险的偏好（以及他们愿意承受的价格）。你会了解到它如何影响人们在篮球场上、工作场所和数学课上的表现，以及它如何帮助人们控制疾病、定期锻炼、纳税，以及帮助青少年戒烟。所有这些都可以通过对不同的人说些许不同的话来实现。

第 10 章 FOCUS

契合的力量

使信息与受众的进取型导向或防御型导向相契合的一个最大好处是，它能增强受众的动机。契合体验能够让我们精神焕发，而不契合的体验会削弱我们的动机。当我们所接收的指示或反馈与我们的主导性关注点不一致时，我们就会感觉哪里不对，这削弱了我们追求目标的动力。在这一章中，我们将与你分享一些经典案例，帮你了解与动机关注点相契合的信息如何区隔出成功和失败的距离。

励志榜样还是警示故事

我们用来激励年轻人的最常见方式之一是讲一讲别人的故

事，比如一些励志榜样（热切想要成为的人）的经历，或者一些警示故事（人们不想走的路）。究竟哪一种更有效？对于这一问题的回答毫无悬念——这取决于这个年轻人更偏向进取型导向还是更偏向防御型导向。

如果你是一名教育工作者或者一位家长，你可能会发现，对于更偏向进取型导向的大学生来说，如果了解到自己的校友在毕业后非常成功——有了满意的工作、坚定的目标感以及美好的未来（即励志榜样），那么这位大学生会更有动力好好学习：

> 我刚刚得知我得到了用于研究生学习的专业奖学金，有两家大型公司也联系了我，为我提供了很好的职位。现在，我对我的生活感到非常满意。我知道自己要去哪里、想要什么。之前我从来不敢想象我的未来会如此精彩！

对于更偏向防御型导向的大学生来说，当你向他们讲述一个没有目标、失业的毕业生，住在父母房子的地下室里，前途一片灰暗的故事（即警示故事），来吓唬他们时，他们就会更努力地学习，并且不再那么拖延了：

> 我一直没能找到一份好工作，我大多数时间都在快餐店打工，做一些很无聊的事情。现在我很沮丧，不知道未来我将何去何从。我负担不起重返学校的费用，现在也找不到一份好工作。我从来没想过现在我会沦落到这步田地！[1]

如果你是一位医疗工作者，或者你的爱人患有某种可治愈的疾病，你可能会有兴趣了解到，对于进取型导向的糖尿病患者来说，如果他们了解到有病友定期锻炼、健康饮食、在必要时使用胰岛素（即励志榜样），那么这些糖尿病患者更可能有效地控制好自己的病情：

> 在我刚刚得知自己患上了糖尿病时，我非常害怕。刚开始的时候，我对自己的病情控制得不太好，但现在好多了，我已经成功地适应了与糖尿病共处的生活。我每天骑自行车上班，每周锻炼两次，这能有效地控制我的血糖水平。我的饮食也根据糖尿病做出了适当的调整，我吃得更健康了，也减少了脂肪的摄入。我现在会吃更多的蔬菜和水果。一开始我很难去想象常常需要注射胰岛素的生活，但现在我逐渐习惯了。我觉得自己很好地控制了糖尿病，这主要是因为我对糖尿病了解很多，而且培养了健康的行为习惯。多年来，我的血糖一直稳定在较低水平，而且并没有产生任何并发症。我的医生说，如果我将这种良好的生活状态继续保持下去，我应该能够一直都很健康。

然而，防御型导向的患者，在听到有人没能很好地适应患有糖尿病的生活，并且没有做出必要的改变（即警示故事）时，他们会更有动力好好控制自己的病情：[2]

> 当我刚刚得知自己患上了糖尿病时，我非常害怕。刚开始的时候，我对自己的病情控制得不太好，现在也依旧如此，我还是没能做到很好地与糖尿病共处。我本来打算每天骑自行车上班，每周锻炼两次，这能有效地

控制我的血糖水平。然而这些打算至今未能付诸实践。我的饮食也没能根据糖尿病做出什么调整，我就是喜欢吃零食，不太喜欢蔬菜和水果。我现在还是很难去想象常常需要注射胰岛素的生活，我就是习惯不了。我觉得自己很难控制自己的糖尿病，因为我对糖尿病的了解非常有限，而且很多行为习惯都不健康。多年来，我的血糖水平一直很高，而且开始出现一些并发症的征兆。我的医生说，如果我不改变我的生活方式，我的健康状况很有可能会恶化。

按照自己的方式做事

让人们按照自己的方式来做他们想做的事，这样可以增强人们的动机。（当然，除非自然产生的东西根本不起作用。）当我们与雷这样高度重视进取的同事共事时，我们知道他会想要快速而有创意地工作，敢于冒险，在最终确定战略之前尝试许多替代方案。实际上，这意味着他会对一个给定的动机性问题提出许多可能的答案，他会希望尽快进入想法验证阶段。如果不那么匆忙，错误可能会被避免，或者他可能偶尔会被其他业余项目分心，但尝试让雷以其他方式工作（有些人已经尝试过）会让他感到压抑、没有热情，效率远不如以前。

而防御型导向的人，比如我们的同事乔恩，则需要时间来谨慎地工作和透彻地思考。如果你想要与他合作，你必须学会容忍他对你所做的任何事情都有一点怀疑的事实，并且需要愿意尽早开始一个大项目——比如申请资助。防御型动机使人们很自然地想要避免一些事情，比如错误、陷阱和迟到——避免那些可能会损害工作表现的事情感觉很对。事实上，像乔恩这样防御型导向的人，有时在有干扰和障碍的情况下比没有干扰和障碍时表现得更好。

例如，在我们动机科学中心的同事托尼·弗雷塔斯（Tony Freitas）和妮拉·利伯曼（Nira Liberman）所进行的一项研究中，研究人员请学生被试在电脑屏幕上解答一组数学题。对一些学生，用屏幕的一小部分播放幽默且高度分散注意力的视频，学生要尽力忽略视频，将注意力放在解答数学题上。如你所料，在没有播放背景视频的情况下，进取型导向和防御型导向的学生在数学题得分上并没有什么不同。但是在播放分散注意力视频的条件下，差异开始变得显著：由于视频的干扰，进取型导向的学生的数学题得分下降了大约 10%，而防御型导向的学生（他们常常对事情更为警惕和回避）的数学题得分提高了 10%！他们不仅正确解出了更多数学题，实际上还很享受解题的过程。因此，当人们的工作要求与他们的动机关注点相契合时，就算是这些要求使得任务变得更加困难，人们也会有更佳的表现。[3]

选择恰当的激励方式

在墨西哥湾漏油事件及其给英国石油公司（BP）带来的公关灾难之后，当时英国石油公司新任首席执行官鲍勃·达德利（Bob

Dudley）在2010年做出了一个有些出人意料的举措，他改变了有关员工奖金的规定。在发给英国石油公司全体员工的一封电子邮件中，他强调，增强工作安全性将会成为奖金核算的唯一标准。

> 达德利先生说，这一举措旨在“确保像‘深水地平线事故’这种发生概率低但影响深远的事件不再发生”。他说，实现这一目标的关键是“严格识别和管理我们面临的每一个风险”。
>
> 发言人安德鲁·高尔斯（Andrew Gowers）补充说：“我们决心竭尽全力关注工作安全问题。”[4]

许多观察人士认为，这不过是另一种公关策略，目的是给人留下这样的印象（事实上也仅此而已）：英国石油公司正在倡导安全工作的文化。但是，让我们况且假设鲍勃·达德利是认真的，他是真诚地想要找到一种有效的方式，来激励员工将安全工作作为他们的首要任务。可是，开设安全工作的奖金，这是完成相关工作的最佳方式吗？

关于这种方式的一个众所周知的问题是，它最终可能会引发漏报安全问题的情况，而并不能实际地提高安全性。这种方式的第二个重大缺陷非常明显，**用奖金来激励人们提高安全性，这本身就是一种动机关注点不契合的情况**。一想到可以获得奖金，人们会热切地去冒险，这与保持警惕、重视安全相背离。让人们保持警惕的，是对潜在危险和损失的考虑，而不是更为丰厚的薪水。然而，对未达到新的安全标准进行处罚，这是符合动机关注点契合的，这会使人们在安全方面投入更多努力。

因此，事情并非单纯的“奖励具有激励作用”这么简单。选择能培养或增强正确动机的激励措施是必要的。我们再来看一个例子，了解一下如何用不同的激励方式来创造动机关注点契合，从而改变随处可见的营销手段的效果，即客户忠诚度计划。

客户忠诚度计划是指，商家提供奖励、折扣或其他好处，来留住客户。商家通常会用一张卡来记录客户的购物或访问情况——你在买了9杯咖啡之后，就可以免费喝到第10杯咖啡，或者购物花费100美元就可以得到1美元的现金返还。我们可能都一样，钱包里塞满了这些东西，有些会经常使用，有些藏在你的AAA卡后面，甚至在发放AAA卡的汤铺和录像带出租店倒闭之后，还藏在那里。

建构客户忠诚度计划可以有许多不同的方式，提前知道哪种方式能为你的客户提供合适的激励，并让他们继续光顾，这非常重要。关于使用哪种方式，这在一定程度上取决于你对客户忠诚度计划的表述是否与其动机关注点相契合。

在一项研究中，研究人员向每月缴纳45美元会员费的健身房会员介绍了一项客户忠诚度计划，该计划以进取型导向和防御型导向两种方式呈现：

在进取型导向的客户忠诚度计划中，客户如果在接下来的4周内至少锻炼8次，就可以得到退款。

这一信息要么围绕有所增益来建构：

如果你这样做，你将从每月45美元的会员费中得到

10 美元的现金返还（与进取型导向的动机关注点相契合）。

要么围绕避免损失来建构：

如果你不这样做，你将得不到 10 美元的现金返还（与进取型导向的动机关注点不相契合）。

在防御型导向的客户忠诚度计划中，客户只需预先支付 35 美元会员费，并被告知，如果他在接下来的 4 周来锻炼的次数少于 8 次，就必须额外支付 10 美元的罚款。

这一信息要么围绕有所增益来建构：

如果你这样做了，你就不用支付 10 美元的罚款（与防御型导向的动机关注点不相契合）。

要么围绕避免损失来建构：

如果你不这样做，你将不得不支付 10 美元的罚款（与防御型导向的动机关注点相契合）。

那些能够建构动机关注点契合的表述（例如，为进取型导向的人提供围绕有所增益的信息，为防御型导向的人提供围绕避免损失的信息）使得客户忠诚度计划对客户来说更有价值，他们报告了更强烈的锻炼意图，从而更频繁地光顾健身房，也就不足为奇了。有趣的是，契合也会引发更高强度的锻炼，因此当你感觉很对，与动机关注点相契合，从而更频繁锻炼时，你也会更上一个台阶。[5]

如果你正在创建一个客户忠诚度计划，你应该选择哪种表述？以上两种建构了动机关注点契合的表述在健身房会员的例子中同样有效。如果你的客户或产品并非明显的进取型导向，也不是强烈的防御型导向，那么你可以随意选择任何一种表述。然而，如果你的受众或业务是由某一特定的关注点所驱动的，你就要选择最为适合的表述了。

但在结束关于选择激励方式的这一节之前，我们需要强调一下，施加惩罚不是为防御型导向的人建构动机关注点契合的唯一方法。在正确的建构方式下，提供奖励也可以使防御型导向的人感到契合。我们再来想一想用提供奖励来激励员工重视工作安全性的那个例子。由于重视安全性是一个防御类的问题，你可能会想要采用一种与防御型导向相契合的激励方式。（你的员工普遍都更偏向进取型导向，而你的工作更偏向防御型导向，因此需要采用适当的激励方式。）诀窍就是，不要让奖励计划听起来像是，被试从“0”开始，需要在接下来的一年里在安全方面做得更好，以获得“+1”的奖励。这是一种与进取型导向（而非防御型导向）相契合的激励方式。相反，这一奖励计划需要听起来像是，员工在新的一年开始的时候就有奖励（奖励是维持现状“0”），他们需要在这一年中在安全方面做得更好，否则他们将失去原有奖励变为“−1”。这是一种与防御型导向相契合的激励方式。[6]

动机关注点契合助你成功

假设你是德国足球协会地区联赛的一名球员，你要与你的队友和教练练习罚点球。（在德国踢进地区联赛已经算是非常了不起的事情，德国人对足球运动特别认真。）

在你第一次罚点球之前，你的教练走过来（用德语）对你说出以下两句话中的一句：

你要罚 5 次点球。你的目标是至少进球 3 次。

你要罚 5 次点球。你的任务是最多丢掉两个球。

大多数球员和教练（以及大多数人）不会有意识地注意到这两句话之间的差异。无论是哪一句话，目标都是在 5 次罚点球中得分在 3 分或以上。此外，你并不指望在措辞上的不同会改变这些球员的表现，他们都是在罚球方面高度熟练的，并且有很强的积极性去表现他们最好的状态。但是他们在动机上有着很大的不同，这种不同可能预示着比赛的输赢。在这项研究中（实际上这是对德国半职业足球运动员进行的一项研究），当信息建构方式与他们的主导性关注点相契合时，球员明显表现得更好。这对有防御意识的球员来说尤其如此，当他们收到“不要丢球”的指令，从而产生了动机关注点契合时，他们的进球得分几乎翻了一番。[7]

研究人员在美国的大学篮球运动员练习三分球时发现了相同的结果模式，球员被要求要么 10 投 3 中或以上，要么不能丢掉 7 个球或以上。防御型导向的球员在收到契合的反馈时，他们的进球得分会增加一倍，而进取型导向的球员的进球得分会增加 30%。[8]

要体会到动机关注点契合的好处，不必非得成为一名运动员。事实上，我们最担心的往往是那些并非运动员的普通人，因为他们是最难具有保持健康所需运动量的人。下列关于锻炼的重要性的观点，你认为哪一个更有说服力？

> 科学家表示，每天坚持锻炼身体可以保持健康或改善健康状况。
>
> 科学家表示，如果没能每天坚持锻炼身体，就会导致健康状况不佳。

措辞很重要，因为当锻炼的重要性被表述为一种能够建构动机关注点契合的方式（上述表述中前者与进取型导向的关注点相契合，后者与防御型导向的关注点相契合）时，人们（平均）会在接下来的一周中运动量加倍！[9]

当然，保持身体健康不仅仅需要运动，还需要健康的饮食。理性的人可能都不认为这世上有什么人类“最佳”饮食，但几乎每个人都同意，富含水果和蔬菜的饮食对健康有巨大的益处。动机关注点契合在这一方面也对我们有所帮助。在我们与动机科学中心的同事斯科特·斯皮格尔（Scott Spiegel）进行的一项研究中，我们请大学生被试——一群几乎不了解自己饮食习惯的人——坚持一周每天记录饮食。之后，我们给他们每人一本小册子，小册子上解释了为什么他们应该吃更多的水果和蔬菜，一种小册子上所列举的原因属于进取型导向（例如，使自己精力更为旺盛、更有魅力、更有好心情），另一种小册子上所列举的原因属于防御型导向（例如，增强自己身体的免疫力、对抗疾病）。通过这种方式，我们能够直接操纵大学生被试的动机关注点，使他们（至少是暂时）具有进取或防御意识。

进取型动机导向的小册子

富含人体所需营养的饮食，比如包含大量水果和蔬菜的饮食，对人类大脑的生物化学结构和特性有着直接的影响，从而让人精力更为旺盛，有更好的心情，获得幸福感和满足感。饮食均衡的人（其中水果和蔬菜是不可或缺的）更能体验到自信和乐观，进而使他们更有魅力，也使他们在个人努力上更为成功。血液中有足够的营养供应对健康的皮肤和发质来说也很重要，能够激活新陈代谢，燃烧脂肪，塑造匀称而迷人的身材。水果和蔬菜中的维生素和矿物质提供了使人注意力更集中所必需的营养，并最大化人的能力和创造力。良好的营养情况对考试表现和智商得分有实质性的积极影响。如果你每天食用适量的水果和蔬菜，你就可以在整体上体验到一种自我感觉良好的感受。

防御型动机导向的小册子

人类保持基本的健康需要一整套的营养方案。食用水果和蔬菜为身体提供所需的营养，使身体产生某些物质来让我们生活在这个世界中，不受污染、日常压力、坏天气等的过度影响。水果和蔬菜中所含的维生素和矿物质具有保护作用，有助于修复人体已经受损的组织。食用水果和蔬菜有助于增强免疫系统的活动，有助于保持健康并远离疾病。一个营养良好的免疫系统可以抵御病原体（毒物）并中和它们的毒素，建起一道屏障来抵抗细菌的入侵，防止它们的传播。甚至有研究证明，某些蔬菜能够有效地避免癌症和心脏病的侵袭。水果和蔬菜中所含的营养物质也有助于牙齿、牙龈和骨骼的健康。食用适量的水果和蔬菜，可以很好地帮助自己远离疾病，保持身体健康。

这些小册子实际上各有两个版本，一个重点说明学生被试吃水果和蔬菜可以获得的好处（有所增益建构），另一个重点说明不吃水果和蔬菜会有哪些代价（避免损失建构）。

进取型动机导向 / 有所增益的小册子

如果你每天吃适量的水果和蔬菜，你就可以在整体上体验到一种自我感觉良好的感受。

进取型动机导向 / 避免损失的小册子

如果你每天不去吃适量的水果和蔬菜，你就无法在整体上体验到一种自我感觉良好的感受。

防御型动机导向 / 有所增益的小册子

如果你每天吃适量的水果和蔬菜，你就可以很好地帮助自己远离疾病，保持身体健康。

防御型动机导向 / 避免损失的小册子

如果你每天不去吃适量的水果和蔬菜，你就无法很好地帮助自己远离疾病，难以保持身体健康。

大学生被试在读完这些小册子后，又坚持记录了一周自己的饮食情况。之后我们计算了他们食用的水果和蔬菜的增量，发现虽然所有版本的小册子都在一定程度上有效，但能够建构动机关注点契合的（即，进取型导向 / 有所增益和防御型导向 / 避免损失）的表述明显更为有效。感受到契合的学生比感受到不契合的学生多吃了 21% 的水果和蔬菜。[10]

在第二项研究中，我们试图用动机关注点契合来操纵我们非常关心的一项行为表现：让大学生被试按时提交一篇文章。参与这项研究的被试被告知，只要他们写一篇描述自己将如何度过即将到来的周六的文章，并通过校园邮件（或亲自去邮箱投递）邮寄出去，他们将获得 7 美元的报酬。在离开实验室之前，我们要求他们制订一个计划，详细说明他们将在何时、何地以及如何撰写这篇文章。计划指示的一个版本是从进取型动机的角度来表述的：

何时：想象一个你可以撰写文章的方便的时间。

何地：想象一个你可以撰写文章的舒适、安静的地方。

如何撰写：想象你可以捕捉到的尽可能多的细节，使你的文章生动有趣。

计划指示的另一个版本是从防御型动机的角度来表述的：

何时：想一想哪些是对你撰写文章不利或不方便的时间，这样你就可以避开这些时间。

何地：想一想哪些是让你感到不舒服或分散注意力的地方，这样你就可以避免在这些地方撰写报告了。

如何撰写：想象你自己没有遗漏任何细节，小心翼翼地让你的报告不至乏味或无聊。

令人印象深刻的是，我们发现，当计划指示用与大学生被试的主导性关注点相契合的语言来传达时，他们真正会提交文章的可能性高于 50%。[11]（老师和管理者们欢呼吧！用这种方法，你再也不用担心学生晚交作业或者项目延期了！孩子通常更偏向进取型导向，因此进取型导向的表述通常会与他们的动机关注点相契合。对于员工，可以根据他们的主导性关注点来做出指示，作为他们的主管，你对此一定多少有所了解。）

似乎不管挑战是什么，如果你想让人们更有效、更有能力去应对它，那么你可以使用与对方动机关注点契合的表述，来从中获得很多好处。

享受完成任务的过程

动机关注点契合还可以用来使工作变得愉快。不仅仅是任务的本质属性——为了完成它你必须做什么——决定了你有多喜欢做这件事，你有多喜欢做一件事还取决于你在做这件事的时候是否体验到了动机关注点契合。雷和乔恩为了平衡各自的收支所要做的事情是一样的，但在一个又一个完成相关的任务时，雷会感到痛苦，而乔恩会感到快乐。

动机关注点契合对任务满意度的影响在动机科学中心最早的契合研究中得到了证实。[12] 当被试来到实验室时，他们被启动两组状态，其中一组为进取状态，另一组为防御状态，启动的方法是让他们分别描述自己的希望和抱负，或者责任和义务。之后，作为一项“不相关研究”的一部分，他们需要完成这一任务——在一张纸上印有的几十个多面体中尽可能多地找到有四个面的物体。研究人员请他们像科学家一样行动起来，把这些四面体当作需要发现的有机物，它们要么是“有益的”蛋白质，要么是“有害的”蛋白质。

不同的是他们搜寻的方式。一半的被试被告知“要想很好地完成这一任务，最佳方法是保持热切，努力找出正确的四面体”，另一半被试则被告知“要想很好地完成这一任务，最佳方法是保持警惕，尽力排除错误的四面体”。

除了享受寻找四面体的成功之外，当被试在做这件事体验到动机关注点契合时（进取型导向的被试努力找出物体，防御型导向的被试努力排除物体），他们会更为享受完成任务的过程。

构建契合的员工 - 领导者关系

不管你是否有意识地感受到这一点，能够确定的是，你想要一个能帮助你以与你的动机关注点相契合的方式实现目标的领导者。我们都希望如此。对于两种动机导向的员工来说，哪种类型的领导者与其更为契合呢？

有进取意识的员工在**变革型领导者**（transformational leaders）的扶持下能够茁壮成长。一个变革型的领导者总是朝着理想而努力，支持创造性的解决方案，有着长远的愿景，并致力于做出改变（比如谷歌、皮克斯）。而**交易型领导者**（transactional leaders）看重规则和标准，倾向于维持现状，进行微调，避免错误，更关注于有效地实现更为直接的目标（比如美国军队）。他们有着严格的管理，在这种地方，有防御意识的员工感觉就像在家一样舒适。

当人们感觉自己在为一个相契合的领导工作时，他们会更加重视自己的工作，不太可能想要离职。[13]这带来了更高的员工忠诚度和生产力，以及更低的员工流失率，这对任何一家公司的业绩来说都是好消息。

领导者不仅可以通过他们的领导风格，还可以通过他们所能提供的反馈来为员工建构动机关注点契合。**对于具有进取型导向、寻求进步的员工，当领导者表扬他们工作出色时，他们往往会更为努力。相反，对于具有防御型导向、关心工作安全的员工，当领导者提出批评而不是表扬时，他们往往会更为努力。**要知道，我们并不是说，你应该编造理由来表扬或批评你的员工，你总应该做出真实的反馈。我们只是指出，如果你想要最大限度地调度员工的工作积极性，有时候你可能需要强调不同的重点。[14]

当然，在有些时候，你要么不知道你想要激励（或说服）的个人或群体的主导性关注点是什么，要么试图影响一个包含不同关注点的群体。在这种情况下，你应该使用哪一种方法？好消息是，你可以同时有效地使用对应进取和防御的方法。例如，对表现最好的25%的人给予奖励，对表现最差的25%的人给予惩罚。**研究表明，人们会有选择地关注信息中与自身关注点相契合的部分，而大多数时候会忽略那些不契合的部分。所以当你有疑问的时候，在所提供的指示、激励、榜样和反馈中包含与两种动机关注点各自相契合的信息。**这可能不如一个完全有针对性的方法有效，但它比一个与动机关注点完全不契合的信息有效得多。

第 11 章
FOCUS

契合带来影响力

心理学家、世界著名的说服专家罗伯特·西奥迪尼（Robert Cialdini）在他广受好评的畅销书《影响力》（*Influence*）中指出，在指示人类行为的战斗中，有以下六种能够产生影响的武器：

1. 回报。当你为他人提供了帮助时，他人会觉得自己有义务“回报”你。这就解释了为什么你在邮件中收到的许多募捐呼吁都赠送免费的铅笔或标签之类的东西。

2. 言出必行。人们觉得自己有义务去做那些自己公开承诺过的事情，而且无论是对自己还是对别人，他们都想让自己看起来是言出必行的人。

3. 社会证明。如果人们看到别人在做某件事，他们就更有可能跟着去做。

4. 喜欢。如果人们喜欢你，就更有可能被你说服。

5. 权威性。如果你是一名专家或者权威人物，那么人们更有可能被你说服。

6. 稀缺性。人们认为稀有的东西更为珍贵。这就解释了为什么那么多的广告都告诉你“马上行动起来”，购买那些内战纪念币，因为库存“很快就所剩无几了”。

《影响力》一书出版近 30 年来，这些原则已经广泛为营销人员、商业领袖、政治家、外交家和社会活动人士等所用，来影响世界各地人们的心灵和思想。在西奥迪尼的六种武器之外，我们在这里提出第七种武器：动机关注点契合。

我们的研究表明，当你用正确的方式来传达信息时，无论你的听众是谁，是你的家人、学生、工作同事，抑或你所在选区的选民，都会感到更信服，由此对你更为信任，并投入更多的关注，说服因此变得更为有效。本章的一些案例将会说明，如果你用一种与对方关注点相契合的方式来传达你的诉求，你就可以做到一些通常很难做到的事情，比如让青少年认真对待他们的健康问题、让一些喜欢偷税漏税的人规规矩矩纳税。

劝阻青少年吸烟

关于动机关注点契合所具有的说服力，有一个极佳的例子。这是一项关于劝阻青少年吸烟的广告的研究。这些广告并没有将注意力直接放在吸烟对身体健康的影响上，而是着重强调了吸烟的社会化影响——吸烟的习惯可能会导致别人拒绝你（产生防御型动机)，或者一个不吸烟的人容易被人接受(产生进取型动机)。这些广告也按照有所增益或者避免损失两种方式进行传达：

进取型动机导向+有所增益(动机关注点契合)：获得社会认可

画面：在一次聚会上，一个年轻人坐在一群同伴中间，他熄灭了手上的香烟，他的同伴赞许地看着他。他们一起快乐地笑起来，其中一人还跟他击了个掌。

说明："不要吸烟。享受美好时光。"

进取型动机导向+避免损失(动机关注点不契合)：错失社会认可

画面：同伴们正赞许地看着一个年轻人，他们一起快乐地笑起来。之后这个年轻人开始吸烟，同伴们都转过头去不理他。

说明："不要吸烟。吸烟会破坏美好的时光。"

防御型动机导向+有所增益(动机关注点不契合)：避免社会不认可

画面：在一次聚会上，一个年轻人正在吸烟，周围的人都投来强烈的不满的目光。他注意到了这一点，于是熄灭了手上的香烟，同伴们便不再生气了。

说明："不要吸烟。不要让人讨厌。"

防御型动机导向+避免损失(动机关注点契合)：招致社会不认可

画面：在一次聚会上，一群年轻人站在一起聊天。一个年轻人开始吸烟，周围的人投来强烈不满和愤怒的目光。

说明："不要吸烟。吸烟让人讨厌。"

在看到这四组广告时，大多数人都看不到它们之间真正的区别。它们所传达的信息似乎或多或少是一样的：不吸烟比吸烟更有利于建构良好的人际关系。不吸烟的人很受欢迎并有很多朋友，而吸烟的人则被拒之门外。然而，在广告的每个版本中，人们对所传达信息的感受略有不同。事实上，建构动机关注点契合体验的广告（即，进取型导向 / 有所增益和防御型导向 / 避免损失这两种组合）在增强青少年观众不吸烟的意图方面明显更为有效。

这并非全部的结果。在看到进取型导向 / 有所增益的广告（"不要吸烟。享受美好时光"）时，进取型导向的青少年会有强烈的意图不去吸烟，而防御型导向的青少年（的确存在这样的青少年）在看到防御型导向 / 避免损失的广告（"不要吸烟。吸烟让人讨厌"）时，会有强烈的意图不去吸烟。[1] 因此，对于不同观众，有两种动机关注点契合的方式：**①人的动机关注点和信息传达方式之间的契合；②人的动机关注点和信息本身动机关注点之间的契合**。建构越多的关注点契合，你的信息就越有说服力。

现在回想一下你上一次试图说服某人的场景，也许这个人是你的爱人、你的孩子，或者一位好朋友，你想要劝他们不要做出那些危险的行为，比如吸烟（或者酗酒、在开车时发短信）。你是怎样说服他们的？有 50% 的可能你用词并不恰当，并未建构动机关注点契合。你可能已经反复叮嘱你的爱人戒烟，这样他就不会得癌症了（防御型导向 / 有所增益），但如果你告诉他，如果他继续吸烟，他得癌症的可能性会很大（防御型导向 / 避免损失），这样会更有说服力。你可能会告诉你的孩子，没有人会喜欢或尊重一个酗酒的人（进取型导向 / 避免损失），而如果你对孩子讲，人们会更加喜欢和尊重一个理性的人（进取型导向 / 有所增益），这样就会更有说服力。

好消息是，你可以从现在开始，变得更有说服力。如果你花点时间考虑如何使信息的传达最为有效，你就能够激励你所关心的人过上更为健康和快乐的生活。

契合对健康的好处

这些禁烟广告很有效，不仅是因为它们建构了动机关注点契合，还因为它们找到了一种巧妙的方式，来避开年轻人通常难以喜欢上的“吸烟有害健康”这一说法，他们将吸烟与是否受欢迎、是否被同伴孤立联系起来，而不是让它与肺癌和心脏病扯上关系。但在某些情况下，我们也确实希望孩子多去考虑自己的身体健康。那么，我们如何才能让年轻人关注危害自身健康的那些重大威胁，并说服他们采取行动保护自己呢？当然，有一部分原因是年轻人往往从一开始就难以感知到自己身处的危险。但好消息是，一旦你了解了进取型导向、防御型导向和动机关注点契合的原理，你就会意识到，不同种类健康信息的有效性取决于受众所感知到的风险。

市场研究人员珍妮弗·阿科尔（Jennifer Aaker）和安吉

拉·李（Angela Lee）所做的一项研究很好地证明了这一观点，他们使用动机关注点契合为一种用于防御和治疗单核细胞增多症（mononucleosis）的产品来制作针对大学生的广告。[2] 他们为参与研究的所有大学生被试提供以下信息：

单核细胞增多症非常常见，超过 85% 的人在 40 岁之前都曾患上这种疾病。这似乎让人难以置信，尤其是对于那些从未想过自己会患有这类疾病的人来说，更是如此。大多数患单核细胞增多症的人症状都很轻微，他们从未意识到自己过去的喉咙痒痛和没来由的疲惫实际上就是单核细胞增多症的表现。很多人都可能感染这种疾病，最为常见于 15 岁至 30 岁的年轻人，尤其是那些与学校、大学和军队有密切接触的人。单核细胞增多症全年都可能发生，在早春最为高发。

接下来，研究人员通过以下这种方式，来调控不同实验组被试所感知到风险的程度。研究人员告诉一些被试，一些平常的行为就会让他们感染单核细胞增多症（感知高风险），而告诉另一些被试，单核细胞增多症只会通过一些较为罕见的行为得以传播（感知低风险）。

感知高风险（防御型动机导向）

研究人员告诉感知高风险的实验组被试，如果他们与他人“接吻、共用牙刷、共用剃须刀、进行无保护措施的性行为、喝同一瓶水、修指甲”，他们就有感染单核细胞增多症的风险。由于这些都是大学生的常见行为，因此这里所传达的信息是，大学生很容易患上单核细胞增多症。

感知低风险（进取型动机导向）

研究人员告诉感知低风险的实验组被试，只有当他们“曾经文身、使用针管注射、某些身体部位（如乳头、鼻子、舌头、肚脐）不小心被针戳破、在同一时期有多个性伴侣、在医院使用过未经消毒的设备，或者输过血”，他们才会有感染单核细胞增多症的风险。这些都是大学生很少接触的行为，因此这里所传达的信息是，大学生很难患上单核细胞增多症。

最后，研究人员向大学生被试展示了一则真实产品的广告（Supranox），该产品被描述为一种对抗单核细胞增多症的纯天然补充剂。这一广告分别围绕有所增益和避免损失而展开。

有所增益

享受生活！你没有患上单核细胞增多症的风险。让 SUPRANOX™ 成为你日常生活的一部分。

享受生活非常重要。SUPRANOX™ 可以帮助你做到这一点，让你在疾病出现之前就对其免疫。享受生活吧。SUPRANOX™ 出品。

避免损失

不要错失享受生活的机会！你可能还不知道自己有患上单核细胞增多症的风险。让 SUPRANOX™ 成为你日常生活的一部分。

重要的是不要错失享受生活的机会。SUPRANOX™ 可以帮助你做到这一点，让你在疾病出现之前就对其免疫。不要错失享受生活的机会。SUPRANOX™ 出品。

阿科尔和李发现，那些感知自己处于高风险状态的学生变得更偏向防御型导向，并且更容易被避免损失版本的广告所说服，去服用这一药品。那些认为自己患单核细胞增多症的风险相对较低的学生（这是大多数年轻人对所有疾病的普遍态度）更偏向进取型导向，因此更容易被有所增益版本的广告所说服。

因此，当人们并不觉得要自我保护时，你还是可以说服他们保护自己，只要你使用恰当的表达方式，建构动机关注点契合。如果他们真的感受不到自己目前所做的事情有什么风险（现实确实如此，很多青少年都是不撞南墙不回头），在这种情况下，用强调有所增益的进取型导向的信息来说服他们，要比用强调避免损失的防御型导向的信息效果更好。

筹建社会性项目

要让人们花掉自己的血汗钱并不容易，尤其是在市场经济困难的时期，即使是在我们一致认为有价值的事业上，比如为饥饿的人提供食物、为无家可归的人提供住所，或者为我们的孩子提供更好的教育。因此，当你是一个有价值的事业的倡导者时，你需要做的不仅仅是对其进行辩护那么简单，你还需要尽可能地让自己的表述更有说服力。如前文所提，问题的关键是理解目标受众的关注点，站在他们的角度来传达信息。

如果你想要清楚地了解这其中的工作原理，看一看以下这篇文章，出自动机科学中心的同事乔・西萨里奥的研究，这项研究呼吁为纽约市学生资助一项新的课外活动。[3] 请你仔细留意不同表述之间的微妙变化，这一项目的内容细节是完全相同的。再次申明，这与你的提议内容无关，重要的是你的表达方式。（进取型导向版本的广告中使用了以下用斜体显示的短语，防御型导向版本的广告则替换了以下用圆括号且其内文字用黑体显示的短语。）

一项新的学生课外项目

这篇文章是为了呼吁一项市级政策变化，范围涵盖纽约公立学校系统和纽约市，欲征收一项新的城市税，用于制定和实施一项针对公立小学、初中和高中学生的特殊课外项目。开展这一项目的主要原因是，它将*促进*（**确保**）孩子的教育水平，并*帮助*（**避免**）更多的孩子*走向成功*（**失败**）。如果这一项目得以开展，将会有*更多*（**更少**）的学生*完成*（**不能完成**）K-12 全部教育课程，也会有*更多*（**更少**）的学生在毕业后*取得成功*（**走向失败**）。鉴于这一项目将在孩子的学业方面确保*较高的成功率*（**较低的失败率**），因此我们应尽快开展这一*成就性*（**防御型**）项目。

这一项目的主要目标是，帮助这座城市的年轻人*走向成功*（**避免失败**），关注提高年轻人的学术技能和实践技能。以下步骤可以用于确保该计划达成其预设目标。首先，来自各个学校的教师将开会设计一个专门针对学生群体需求的课程。在学校教师和管理人员确定了有助于学生*提高成绩*（**避免失败**）的因素之后，他们将设计一个专门针对不同领域话题的项目。然而，一个项目的内容不应局限于任何特定的主题，对于学生认为能够帮助他们*取得成功*（**避免失败**）的任何问题，项目中都应涵盖相应的支持。这样，几乎任何学术和相关的实践领域都可以提供专门培训。这种设计能够针对*促进*（**确保**）学业成就的主题，使课程项目既具体又广泛。

该项目另一个值得注意的方面是其内容的广泛性，既包括学术领域内容，也包括非学术领域内容。这样就可以涵盖*取得成功*（**避免失败**）所必需的更广泛主题。因此，该项目将不仅关注培养学生的学术素养，还关注学生生活中重要的社会交往问题，对于希望在人际交往技巧、情绪问题，或其他社会和心理问题上获得帮助的学生，我们可以提供必要的帮助。这一项目除了涵盖标准的学术技能训练，也可能包括其他在以往不受重视的话题，比如创意艺术（音乐、绘画等）、工艺美术（木工、机械等）、家庭经济学，等等。如此广泛的基础技能培养能够让学生得到全面的发展，而非只在某个生活领域有一技之长。鉴于这一项目的知识基础将影响深远，学生会因其自身各个方面都可以得到完善，而收获*更多的成功*（**更少的失败**）。

另一个确保这一项目得以成功的方面是，学生选择参与项目的方式。学生可以自己决定是否参加这一项目，也可以由老师或管理人员推荐参加。采用这两种参与方式，可以让*更多的学生参与进来*（**更少的学生错失机会**），因此在项目实施后，学生学业*及格*（**不及格**）的比例会*更高*（**更低**）。

> 最后，要考虑这一项目所需的额外税收问题，这非常重要。筹建这一项目的个人成本在实现价值方面远远超过了这一项目将*收获*（**避免**）的许多潜在*利益*（**损失**）。事实上，据估计，现在在这个项目上每花一美元，未来就会省出3.5美元，因为*安全系数提高*（**犯罪率降低**），*不需要经济援助的人数增多*（**需要经济援助的人数减少**）。*更多的学生取得学业成功*（**更少的学生学业失败**）将为包括其他学生和公民在内的人*带来更多利益*（**降低成本**）。
>
> 总之，重要的是，我们要为纽约市的小学、初中、高中学生开发一个特殊的课外项目，申请一项新的市级税收来资助它。通过帮助学生*挖掘他们的学术和社会交往潜力*（**避免可能面临的失败**），我们将有*更多的*（**更少的**）学生在学校和毕业后*取得成功*（**走向失败**）。这表现在有*更多的*（**更少的**）学生*完成*（**不能完成**）K-12教育课程，*更多的*（**更少的**）学生在高中毕业后*继续接受教育*（**不再接受教育**），以及在总体上，*有更多学生获得*（**有更少学生不能获得**）更有成就感、收入更高的工作。这一项目可以有效地为学生提供必要的帮助，来*提高*（**降低**）我们公立学校系统的整体*优秀*（**不良**）水平。

这些细微的差别重要吗？当然重要。有着不同主导性关注点的被试，在读到与他们各自的关注点相契合的版本（即进取型导向的表述和防御型导向的表述）时，会认为文章明显更有说服力，对所提议的项目在总体上有更为积极的看法，以及更高的付费支持的意图。现在我们已经了解了如何确定听众的动机关注点（可以复习一下第 8 章的内容），接下来我们可以使用同样简单的策略，来更为有效地争取我们认为有价值的个人事业。

要想成功做到这一点，你可以先按照以往的方式写出你的观点。接下来，浏览你写下的每一句话，找出进取型导向以及防御型导向的词句（例如，达成、增长、提高，以及防御、确保、恶化）。问问自己，这句话是围绕有所增益（例如更多的成功），还是避免损失（例如更少的失败）？必要时，重写每个句子，让它们都指向同一个动机方向。**你的表述越具有一致性，你的目标受众就会觉得越有说服力。**

与许多事情一样，想要擅长建构动机关注点契合，需要勤加练习。即使是对该研究非常了解的动机科学中心的新成员，有时也会在针对进取型导向的受众的演讲中使用一些侧重于防御型导向的表述。我们自己也确实要反复检查我们表述的一致性。通过练习，你会在这方面做得越来越好，信息的传达越发有效。

杜绝逃税现象

如前文所述，当你想要影响别人的意图时，建构动机关注点契合非常有效，即使是用来阻止人们做一些他们非常想做的事情，比如在他们很想吸烟的时候阻止他们吸烟。当你要做一些你不愿意做的事情时（比如交税），使用正确的语言甚至可以影响你的意图。现在有许多偷税漏税现象，2006 年（写本书时现有的最新数据），美国国税局报告称，应交给美国联邦政府的所得税中有17% 未缴，即美国公民和企业未能提供约 4500 亿美元的收入。

这很容易引起人们的共情，因为我们当中很少有人真的喜欢纳税，还有许多人觉得我们现行的税收制度不够公正。尽管如此，政府需要税收来提供服务，而不交税意味着我们所有人所得到的服务都将变少或变差。如果你供职于美国国税局，你会如何鼓励人们缴纳个人所得税？在奥地利进行的一项研究也许可以提供一些有价值的建议，它也是本书一个很好的例证，因为它涉及动机关注点契合的问题。

奥地利的研究人员向许多中年纳税人提供了两份请愿书中的一份，这两份请愿书标记为奥地利财政部所发出，要求他们全额缴纳所得税（以下是原文的翻译）。每一份文书都以以下介绍性信息开头：

> 公民缴纳的税款是一个国家最重要的收入来源。2005 年，奥地利的税收总收入为 589.7 亿欧元。其中 318 亿欧元是“转移支出”。国家没有将它们纳为己用，而是以多种方式将它们以公共物品和服务的形式重新分配给公民。

在这一段介绍性信息之后，进取型动机导向的版本继续如下行文：

> 公民纳税使国家繁荣昌盛。如果公民诚实地向税务局报税，国家就能够利用税收预算来资助和改善国家的福利制度，并为公民提供现代化的医疗保障。此外，如

果税收充足，国家可以扩大基础设施建设，如扩建公路和铁路系统。法律制度也可以提高到一个现代化的高水平，国家安全可以得到保证。有了公共资金，教育系统就可以提高质量，并为学校和大学提供广泛的学习机会。至于艺术和文化，很多活动都可以得到财政补贴。如果纳税人诚实纳税，所有公民都能从公共产品和服务中获利。

而在开头同样的介绍性信息之后，防御型动机导向的版本继续如下行文：

> 公民不纳税，国家就不能繁荣。如果公民不去诚实地向税务局报税，国家的税收收入就会降低，国家就无法再去关心社会正义和全民医疗公平问题。此外，如果税收不足，国家就不得不削减基础设施建设，公路和铁路系统的持续维护无法再得到保障。在安全和法律制度领域可能出现广泛的经济问题。如果公共资金不足，教育体系质量会逐渐恶化，学校和大学的水平也会下降。至于艺术和文化，财政补贴的削减将大大削弱文化输出。如果有很多纳税人逃税，公民从公共产品和公共服务中获得的利益就会减少。

接下来，研究人员请每位被试想象自己收到了4500欧元的赠予，并计划用这笔钱买一辆新车。如果他们选择向政府报告这笔赠予收入，他们就需要纳税，剩下的钱就变少了。如果他们不报税而被发现，就将不得不支付罚款，但有人指出，被发现的概率相当低。

对于进取型导向的奥地利人，当他们读到纳税人数变多对每个人都有好处时，他们就会有更强烈的意图来纳税；而对于防御型导向的奥地利人，了解到纳税人数变少会让每个人都遭受怎样的损失时，他们会更有动力去纳税。[4]

有时候人们只是需要一点激励来做正确的事情，这种激励通常很容易提供。对于跃跃欲试想要去投选票、做好垃圾分类回收、注射流感疫苗、保护水资源，或者其他一些人们知道做了更好但不想去做的事情，如果人们在思考是否要做时感受到了动机关注点契合，他们就可能最终觉得要那样去做。

当今社会更需要契合

在我们意识清醒的生活中，几乎每时每刻都有很多信息在争夺我们的注意力。我们一边与他人交谈，一边频繁地刷智能手机，伴着电视机发出的刺耳声音。我们一边听音乐，一边看杂志，偶尔抬头看看地铁车厢里的人和广告。我们一边开车，一边听广播，一边看广告牌。所有这些信息都在努力进入我们的大脑，但究竟是什么让它们能够进入我们的大脑呢？“我们接收不到多少信息”，这可能听上去轻描淡写，但事实确实如此，很少有信息能真正进入我们的大脑，并稍作停留。

正因如此，我们掌握动机关注点契合的艺术和科学这件事变得尤为迫切。在最新一版《影响力》的结尾处，针对技术的发展，以及我们每人每天都要经历的信息超载问题（电子邮件、商业广告、社交媒体中的信息），以及这些变化如何影响说服的艺术，西奥迪尼做出了评论。他写道："在做决定的时候，我们会越来越少地享受到对事态整体情况进行深思熟虑、全面分析的自由，而会越来越多地将注意力转向单一而具有可信性的特征上。"正如我们希望通过本书的例子所说明的那样，动机关注点契合创造了这样一个具有可信性的特征，来指导我们做出决策，它让我们"感觉很对"。

如果你想要自己所传达的信息在所有的竞争中脱颖而出，你需要考虑以上所有有利信息。这就是人们会在惹人关注的广告、名人代言和最佳广告位上花大价钱的原因。但是，世界上所有的财富，仅仅靠它本身，并不会让你的听众对你所传达的信息感觉很对。当你感觉某件事很对，它就会抓住你的注意力，你就会记住它。要确保你的时间、精力和金钱都花在刀刃上，就要确保你所传达的信息能够建构动机关注点契合。

第 12 章
FOCUS

契合与市场营销

在 2012 年的超级碗比赛中，一个 32 秒的广告平均花费 350 万美元，这还不包括实际制作广告的成本。广告——无论是电视、广播、印刷品还是网络上的广告——都很昂贵。美国有许多公司每年花费数十亿美元的广告费，绝大部分都是为了一个目的：让人买东西。有很多人的工作就是说服顾客选择他们的产品，而不去选择竞品，这对他们来说风险非常高。在这个竞争激烈的领域里，那些能够在广告宣传中建构顾客动机关注点契合的广告商会更有优势。在本章中，我们将为你揭示原因。

感觉契合让你想要拥有它

一切事情的产生都始于意图，它们铺就了通往地狱的路，却也搭起了通往天堂的阶梯。如果没有（有意识或无意识）做某事的意图，什么也不会发生。这就是为什么在想要影响他人购买你的产品的过程中，改变（或创造）对方的意图是第一步，也是非常必要的一步。对方必须想要拥有它，不管“它”是什么东西。归根结底，这解释了为什么品牌态度和价值感知很重要——它们会影响我们购买可口可乐而不是百事可乐的意图，或者影响我们看罗素·克劳（Russell Crowe）的最新动作片而不是本·斯蒂勒（Ben Stiller）的最新浪漫喜剧的意图。

当我们阅读、观看或收听广告时，感受到动机关注点契合对我们的意图有直接和可衡量的影响。本书作者之一格兰特·霍尔沃森经常注意到动机关注点契合对自己的消费行为所产生的影响，她解释说：

> 我之前也曾提过，我在生活中是一个非常防御型导向的人。我想要所有安全、可靠、不太贵的东西。我一点也不相信广告上所说的。当我在网上购物时，我首先会去看产品的负面评论，看看它的缺陷有多严重，我能否接受。如果时髦意味着要花很多钱，而且经不起时间的考验，那我一点也不在乎自己是不是时髦。因此，对于那些试图让实用而有功能性的产品听起来很时髦或豪华的广告，我通常会感到厌烦。（比如将丰田赛那这种小型客车说成一辆有态度的旅行车，或者Charmin这种厕纸能让人享受排便的快感。）
>
> 然而，有一个让人难以忽视的例外：科技。我是一个进取型导向的“科技控”，就是那种对电子阅读器、平

> 板电脑、笔记本电脑、智能手机和无线设备的每一个进步都感到兴奋的人。我拥有一台 Kindle、一台 Nook、一台 iPad、几台 iPod、四台笔记本电脑，私下还有很多智能手机。这些年来，我花了一大笔钱购买所有最新的小发明，结果却发现，许多新产品要么没能真正兑现其功能承诺，要么让人意想不到地过早停止运转。这些糟糕的经历丝毫没有削减我对最新科技产品的热情，这让我丈夫非常头疼。所有那些在我购物时并不起作用的广告策略，在我看上一件电子产品时，却显得格外有吸引力。（比如，新款 iPad 拥有能够展示“更为丰富”细节的“令人震撼”的显示屏，还有“超快”的 4G 无线连接。这些都让我感觉很对。）

当我们从广告中体验到动机关注点契合时，它会增加我们对该产品的欣赏和投入程度。喝淳果篮的葡萄汁来“获得能量”与进取型动机相契合，这是一种热切策略，因此你会感觉很对。（“来吧，让我们变得精力充沛！”这听起来让人很兴奋，不是吗？当你具有进取型导向时，这满足了你想要的兴奋、奢华和新颖。）你会更喜欢这个品牌，在下次逛超市的时候，就会产生更强烈的购买意图。

另外，喝淳果篮的葡萄汁来“避免错过变得精力充沛的机会”，这与你进取型导向的关注点并不契合，这是一种警惕策略，强调了不要犯错误。对于那些进取型导向的人来说，这是一个并不契合的信息，让人感觉哪里不对。“不要错过变得精力充沛的机会”，如果你更偏向进取型导向的话，这听起来可能会有一点奇怪。如果这就是淳果篮想要传达的信息，那么它会打消你想要饮用它的念头，你也就不会那么喜欢这个品牌了。突然间，优鲜沛（Ocean Spray）看起来像是一个更好的选择。

但如果你更偏向防御型导向，那么你会对事情变糟更为敏感。你实在不想犯错误，所以“不要错过变得精力充沛的机会”这句广告在你听起来一点也不奇怪。事实上，它听起来还会很有说服力，听到不喝它会是一个错误，你会更愿意购买淳果篮的葡萄汁，更加喜欢这个品牌，而感觉淳果篮是个正确的选择。[1]

所有消费者都喜欢契合体验

想象一下，你马上要去加勒比海度假一周，现在要去药店购买一些旅行的必需品，比如防晒霜。当你走到防晒霜展台时，你看到有两大品牌可供选择：X品牌和Y品牌。

X品牌的广告上写着：

> 不给晒伤任何机会。X品牌保障你的皮肤安全。
>
> X品牌——给你双重保护。

Y品牌的广告上写着：

> 享受温暖的阳光吧。Y品牌帮你拥有健康肤色。
>
> Y品牌——助你享受阳光。

哪个广告更吸引人？你会买哪一个？你觉得我们谨慎的朋友

乔恩（他不太喜欢户外活动）会买哪一款呢？研究人员发现，总的来说，人们更加喜欢 X 品牌，这并不奇怪，因为使用防晒霜的行为本质上更偏向防御型导向，而非进取型导向。毕竟，防晒霜的主要功能是通过隔离阳光来保护皮肤。但研究人员还发现，和乔恩一样具有防御型导向的购买者对 X 品牌的偏好，显著强于具有进取型导向的购买者。[2] 我们看到，在这里两种不同的动机关注点同时在起作用：

1. 对 X 品牌的更偏向防御型导向的表述，与防晒霜作为一种旨在防御的特性（例如，保护皮肤）更为契合。

2. 对 X 品牌的更偏向防御型导向的表述，与防御型导向的消费者的关注点更为契合。

使广告的表述与消费者的关注点相匹配，或与产品在设计之初的动机相匹配，也被证明可以改善消费者对品牌的态度，比如食品补充剂[3]、椭圆机[4]、牙膏[5]，以及我们前面提到的葡萄汁[6]。每当一个品牌比另一个品牌让人感觉更对时，它就更有可能成为消费者的选择。

第三种建构动机关注点契合的方式是，以一种与防御型导向相契合的方式来谈论实现目标的方法（例如，保护皮肤）。当一个防晒霜品牌，比如说 Sunskin，以防御型导向的词汇来表述时：

> 它为你提供保护！只有知道自己完全没有被晒伤的风险，你才会感到彻底的放松。

当广告语也是围绕避免损失来表述的时候，消费者对品牌的态度甚至会更加积极：

不要错失被保护的机会。

而不是围绕有所增益的表述：

它为你提供保护。

“不要错失被保护的机会”与防御型导向相契合，这是一个警惕策略——保持警惕，使用这个产品，你就不会犯错误。

使你的产品在尚未开发的市场领域中找准定位，建构动机关注点契合也是一种有效的方法。这些人只是目前还没有对你所销售的东西感兴趣，但不代表以后也是这样。让我们以健康保险为例，来进行解释。

通过契合来吸引新受众

乍一看，类似健康保险这样的产品（事实上任何种类的保险都是这样）似乎都是典型的防御型导向的产品，旨在帮助人们解决由一些不幸和灾难而带来的财务问题。但保险实际上是一种风险分担的产品，你承担一部分风险，保险公司承担其余的风险。客户可以选择承保程度相对较高或较低的保险计划。

为了避免产生更高的风险，客户可以选择“凯迪拉克”计划，它有着高保费、低免赔额（参保人在保险公司支付任何费用前必须自掏腰包支付的金额）和低共付额（参保人为每次医疗服务支付的金额）。你每个月要支付更多的费用，但至少你知道，如果不幸发生了，这就是你所要支付的全部费用。这一计划更偏向防御型导向，因为它的好处主要在于避免难堪的意外发生。它最能吸引有防御意识的消费者，应该围绕避免损失来进行最为有效的广告宣传，比如：

> 如果你不选择这一计划，那么一旦你得了场大病，你就可能要支付一大笔医药费。

有着较低的月保费但较高风险的计划，为消费者节省了更多费用（省下来的钱就可以花在远比保险有趣的事情上了），但如果他们生病了，他们就要承担更多的费用，可能会产生更高的共付额和免赔额。这类计划更侧重于进取型导向，因为它包括承担风险，以换取更便宜的保费，从而腾出资金用于其他追求。这基本上是一场赌博。因此，它将最能吸引有进取意识的消费者，应该围绕有所增益来进行最为有效的广告宣传，比如：

> 这一计划能为你省下更多的钱。

事实上，一项涉及荷兰一家大型保险公司客户的研究，观察了人们对计划价值和购买意图的感知是如何受到损益框架的影响的。研究发现，当增益框架形成时，低保费、高免赔额（进取型导向）的计划确实更有吸引力，而高保费、无免赔额（防御型导向）的计划从损失框架中获益更多。[7]

（一种产品的“廉价”也可以用一种吸引有防御意识的人的方式来形成框架。例如，“避免每月支付一大笔钱”。但当有问题的产品通过增加潜在风险来降低成本时，它对于消费者就没有吸引力，因为消费者不仅希望现在安全，而且希望未来很长一段时间都有保障。）

不断增加的契合可能对试图占领一个新市场的保险公司特别有价值：医疗改革（无论是国家级还是州级）迫使所有人要来自己购买保险。在没有保险的人（数百万人）中，大概有一半是自愿不购买保险的。在现实上来讲，他们可以负担保险费，也有资格享受医疗补助，却选择承担将来可能会掏光钱治病的风险。这种接受风险的意图表明，从动机上讲，这些人在财务方面更偏向进取型导向。许多人都是健康保险公司所称的“无畏青年”，他们是一些年轻的男性，不太担心自己会生大病而需要负担一大笔医疗费用。事实上，由于这些无畏青年每年的医疗成本相对较低，因此几乎所有的健康保险公司都想要他们参保。为了抓住这个进取型导向的新市场，如果你只是想向他们推荐那些提供给老年消费者的以防御为主的产品，那么就算是你的网站上出现一些滑雪运动员和明星的照片也没什么用处。无畏青年的选择总会围绕着增益框架，他们看重获得利益和奖励。

通过契合来吸引新文化

我们在第 8 章中描述的基于文化的进取型和防御型导向的差异，也对产品在不同的社会文化（以及同一社会的不同阶层）中如何营销具有重要意义。那些为在同一个地方长大成人，或以某种特定方式看待“自我”的人建构契合体验的广告，换一个环境就可能不会那么有效。例如，一项研究发现，当 SunUp 橙汁的广告使用进取型语言时，具有更为美式、更为独立的自我认知的人会更喜欢这一橙汁：

一次一杯SunUp橙汁，让你有更为强壮的心脏。SunUp让你的心脏跳动更为有力，值得信赖。

当SunUp橙汁的广告使用防御型语言时，具有更为亚洲式的、相互依存的自我认知的人会更喜欢这一橙汁：

一次一杯SunUp橙汁，助你防御心脏衰弱。SunUp保卫你的心脏健康，值得信赖。

另一项研究表明，对英国白种人消费者来说，使用增益框架来提倡经常使用牙线（即强调使用牙线的好处）是更为有效的，而对东亚消费者来说，使用损失框架（即强调不使用牙线的代价）则更为有效。[8]美国的广告商通常必须向全国不同的种族和文化群体进行营销，因此明智的做法是，针对不同的群体使用具有不同动机关注点的表述。

通过契合来刺激消费

体验到动机关注点契合能让人们意图更为强烈，更喜欢你的想法或产品，接下来让我们来谈谈消费。契合是否会让产品看起来值得花更多的钱？答案是肯定的。为了说明这一点，让我们看看20年前在动机科学中心开展的关于动机关注点契合的一项研究，在这项研究中，我们邀请哥伦比亚大学的本科生作为被试，向他们解释这是一个关于消费者偏好的市场调查，让他们在马克杯和钢笔之间做出选择。[9]这个选择本身就有一些偏向性——马克杯比钢笔好得多，几乎每个人都喜欢马克杯。我们想让被试对马克杯有强烈的偏好，这样我们就可以看到动机关注点契合是如何影响同一个选择的不同货币价值的。

我们请学生被试在以下两种方式之中选出一种：通过关注能够收获什么，来从马克杯和钢笔中做出选择（与进取型导向相契合的决策策略），或者通过关注不选某件东西会失去什么，来从马克笔和钢笔中做出选择（与防御型导向相契合的决策策略）。要知道，在这两种情况下，学生都会考虑马克杯和钢笔的各种优点，但他们或者会以一种热切的方式（例如，选择马克杯能够得到的好处），或者会以一种警惕的方式（例如，选择马克杯所不会失去的好处）来做出决策。我们还测量了每个学生被试更偏向进取型导向还是更偏向防御型导向。在学生被试选择了马克杯后，我们问："你觉得这个马克杯的价格是多少？"如下表所示，在做决策时如果体验到动机关注点契合，被试对马克杯的感知价格要高得多，高出约 50%。

	基于有所增益的决策	基于避免损失的决策
进取型动机导向的决策者	8.78 美元	6.32 美元
防御型动机导向的决策者	5.00 美元	8.07 美元

注：阴影部分的价格是体验到动机关注点契合时的决策。

你可能会对自己说："但在这项研究中，价值的衡量标准是马克杯的感知价格。如果他们真的得花自己的钱来购买呢？契合还会有如此大的影响吗？"这是个好问题，我们也想到了这个问题。因此我们对另一组学生被试进行了研究，并在研究一开始就给每人分发了 5 美元，之后采用与上一个研究相同的步骤。学生被试再一次全都选择了马克杯而不是钢笔。之后我们给他们一个信封，里面有马克杯的合理价格，并告诉他们，如果喜欢，他们可以买下这个马克杯，但前提是他们所付的金额要等于或高于信封中的价格（这相当于一场不喊价的拍卖会，你出对自己最为有利的价格，看看会发生什么）。如果他们的出价低于正常价格，他们将无法买下这个马克杯，如果他们的出价等于或高于信封中的价格，他们就会以这一价格得到这个马克杯。下表显示了在每种情况下，他们愿意花 5 美元中的多少来买下这个马克杯。

	基于有所增益的决策	基于避免损失的决策
进取型动机导向的决策者	4.76 美元	3.11 美元
防御型动机导向的决策者	2.49 美元	4.68 美元

注：阴影部分的价格是体验到动机关注点契合时的决策。

答案是肯定的。即使是人们在花自己的钱去买东西时，如果他们以一种能够建构动机关注点契合的方式来做出决定，那么他们也会出价更高。事实上，当他们决定花自己多少钱购买时，契合的影响会更大，这在第二项研究中有所体现。契合是一种能够创造真正的现金价值的体验，类似的发现也在许多其他种类的产品中得到了体现。例如，当消费者以一种建构契合的方式来评估自行车头盔时，他们会比体验不契合时多花 20% 的钱。[10] 在另一项研究中，对于同样的阅读灯，如果消费者对自己的选择感到契合，与体验到不契合相比，他们会多花 40% 的钱。[11]

现在你可能想要知道，动机关注点契合是否在制造一种错觉，这种错觉会影响人们的选择和感知价值，而不是实际的体验价值。如果是这样的话，给人们一种虚幻的夸大产品价值的感觉难道不是一种错误吗？我们同意这是一种错误，但它并不应该归咎于动机关注点契合，因为价值的增长是真实的。换句话说，人们不仅为马克杯花了更多的钱，他们还真心觉得它是一个更好的马克杯，这是因为关注点契合也会影响人们对自己所做选择的满意程度。所以，我们进取型导向的朋友雷如果在买新车的时候非常热切（“这车续航超长”），那么他会感到更加开心；而防御型导向的乔恩在谨慎地做出决定时感觉最好（“我不能错过这辆续航超长的汽车”）。

与不择手段的销售人员所使用的许多操纵技巧不同，建构动机关注点契合并非对毫无戒心的消费者玩的肮脏把戏。无论是马克杯、电脑还是电烤架，一项又一项研究表明，如果消费者在选择产品时感觉很对，他们之后也会对自己的选择明显更为满意。[12]不管是作为政治候选人还是要宣传某种牙膏，建构动机关注点契合都能让你的表述更有说服力，重要的是要知道，**契合能够增加事物的感知价值，不光是人们选择了什么，还包括人们愿意为此花费多少。**

第 13 章 FOCUS

循序渐进地建构动机关注点契合

建构动机关注点契合有三个简单的步骤。为了让你更好地了解其中的原理，你可以想象一下，你是一个社区的学校董事会成员，在这个社区里，学校预算是由公众投票所决定的。你需要说服你的邻居，增缴财产税是合理的，这能够改善学校的资源与环境。现在我们来选择恰当的信息与表述。

第一步：识别动机关注点

你可以先来思考：我的听众想要什么？他们在这个问题上的关注点是怎样的？他们的目标是什么？在这一情境下，你的目标是整个社区。你有不止一个听众，因此你需要确定每个群体的主导性关注点。

例如，对于学龄期儿童的家长来说，他们会从预算充足的学校中获益良多。毕竟，他们希望自己的孩子有尽可能多的成长和进步的机会。因此在增加学校预算的问题上（增缴财产税），他们可能更偏向进取型导向。

然而，对于退休人员来说，他们一定会关注自己的资产安全。许多人都是靠着固定收入生活，他们要保护自己的现有财产。因此，他们很可能在增缴财产税以增加学校预算这个问题上更偏向防御型导向。（此外，我们在第 8 章中提到，一般来讲，老年人比年轻人更有防御意识。）这两种截然不同的动机关注点需要使用不同的信息和表述，来分别建构动机关注点契合。

第二步：设计契合的表述

接下来，我们要来弄清楚，你想让听众做什么，这一行动或决定是更偏向进取型导向，还是防御型导向，又或者是两者兼有。（大多数时候是两者兼有。换句话说，我们在日常生活中所做的大部分事情，都要么出于进取的考虑，要么出于防御的考虑。但每隔一段时间，就会出现“打流感疫苗”之类的事情，这种事很难用一种进取型导向的方式来表述。）

你知道你想让你的听众做什么——你希望他们都对增缴财产税投赞成票，以增加学校预算。至于这一决定背后的关注点，它可以是进取型导向的，也可以是防御型导向的。你可以解释说，增缴财产税来改善学校环境与资源，这将为社区带来发展和机会，有助于加强社区的安全和治安。

对于进取型导向的学龄儿童的父母，你需要设计进取型导向的信息，描述学校有更多的预算会为他们的孩子提供最好、最理想的学习环境。这是学校董事会经常提出的观点，解释了为什么家长几乎总是对增加学校预算投赞成票。

那些以防御为主的退休人员就有点棘手了（这解释了为什么他们总是对学校预算投反对票）。为他们设计内容表述的关键是，思考为学校支付更多的钱如何才能帮助他们确保自己的财产安全，让他们相信投反对票是错误的选择。例如，可以强调，拥有更好学校的社区犯罪率更低、财产安全更有保障，这更偏向防御型导向。此外，如果不立即采取措施，只会让保障财产安全的成本越来越高，因此现在多花一点钱是避免未来产生更大损失的一种方法（例如，可以表述为“等到事情真的变糟就晚了”）。

（正如我们在本书前面章节所讨论的，当你不了解听众的动机关注点时，最好的办法是精心设计你的表述，包含能够吸引两种关注点的元素，一些论据能建构进取型关注点契合，另一些论据能建构防御型关注点契合。这通常不如针对性的信息有效，但它会比失去你一半听众的单一关注点信息或是一些一般的无关注点信息更为有效。）

第三步：用契合的表达来表述

既然你已经为你的两种听众准备好了两种内容，现在我们就该决定如何以一种建构动机关注点契合的方式来进行表达了。以下是 10 种有效的表达方式。

表达方式 1：增益框架与损失框架

你们一定已经对这种方式烂熟于心了。增益框架强调使顾客采取行动或购买产品的增益（从“0”到“+1”）。例如，购买这款牙膏能够提供增益——拥有更美的微笑、防御龋齿。损失框架强调的是不采取行动或不购买产品会使事情变得更糟（从“0”变为“−1”）。例如，不去购买这款牙膏，你会有所损失——你的笑容不再那么美、你的蛀牙会增多）。让我们将这种表达方式应用到增加学校预算的例子中：

版本 1：进取型动机导向 + 增益框架

对增加学校预算投赞成票！

投赞成票，我们就能创造更好的学习环境，为我们社区的孩子提供更多的学习机会。

分析：这一版本会使学龄儿童家长感受到契合，可以向他们这样传达信息。

版本 2：进取型动机导向 + 损失框架

不要对增加学校预算投反对票！

如果投反对票，我们将无法为我们社区的孩子提供良好的学习环境和学习机会。

分析：这一版本会使学龄儿童家长感受到不契合，不要向他们这样传达信息。

版本 3：防御型动机导向 + 增益框架

对增加学校预算投赞成票！

投赞成票，能够使我们的学校和社区更为安全，能够让整个社区在打击犯罪和保护财产安全方面取得进展。

分析：这一版本会使退休人员感受到不契合，不要向他们这样传达信息。

版本 4：防御型动机导向 + 损失框架

不要对增加学校预算投反对票！

如果投反对票，我们将无法保证学校和社区的安全，整个社区的低犯罪率和财产安全将无法得到保障。

分析：这一版本会使退休人员感受到契合，可以向他们这样传达信息。

当你想使用第一种表达方式时，以下还有一些例子来供你参考，来正确地使用相关表述。

	有所增益	避免损失
卖马克杯	想一想，选择这个马克杯会收获什么	想一想，不选这个马克杯会失去什么
足球训练	你的目标是在五次射门中至少进三个球	你的任务是在五次射门中丢掉不多于两个球
保持身体健康	这些都是积极运动的好处	这些都是不运动的代价
增加学校预算	为什么你应该投赞成票	为什么你不应该投反对票
课堂反馈	学习的好处	不学习的代价
工作激励	当你达到销售目标时，好事就会发生	当你没有完成销售目标时，就会发生不好的事情

表达方式 2：为什么与怎样

正如我们在第 6 章中提到的，进取型导向的人倾向于用更为抽象的方式来思考问题，而防御型导向的人更喜欢具体的方式。进取是对未来的希望和梦想，它让人们展望大的图景，从全局来看待问题。而防御是关于小心保持当前令人满意的状态，它使人们注意当下发生事情的细节，更为局部地感知事物，并寻找可能存在的问题。[1]

使你的信息抽象或具体的一个方法是，把重点放在“为什么”和“怎样”上。如果你更偏向进取型导向，那么你会想知道为什么你应该做某事（例如，为什么我应该投资这个共同基金），但如果你更偏向防御型导向，你更多想知道的就是某事是怎样的（例如，这个共同基金到底是怎样运作的）。因此，当你用“为什么”的表述来传达信息时，就会建构出针对进取的关注点契合。而以“怎样”的表述来传达信息时，会建构出针对防御的关注点契合。当你想使用这种表达方式时，以下还有一些例子来供你参考。

	为什么	怎样
卖马克杯	这一哥伦比亚大学马克杯可以让你感受到作为校友的骄傲	这个 0.4 千克的大马克杯是用防碎材料制成的
足球训练	让我们成为联盟中最好的球队吧	让我们把注意力集中在，突破他们强大的防御需要哪些技术上
保持身体健康	定期锻炼会让你身心健康	定期锻炼可以燃烧卡路里，增强你的新陈代谢
增加学校预算	计划增缴的税收将给我们的孩子带来新的学习和发展的机会	这一举措将用于筹建一个新型学生课外项目，并雇用 5 名新教师

（续）

	为什么	怎样
课堂反馈	如果你在课堂上努力学习，你将打开新的大门，获得未来的机会	如果你在课堂上努力学习，你会得到你需要的分数，以避免被顶级大学拒绝
工作激励	表现最好的人会很快进到高层	排名前三的选手今年将继续获得晋升机会

表达方式 3：形容词与动词

另一种使信息传达更为抽象化的方法是，使表述的词语本身更为抽象。心理语言学的研究表明，形容词是最为抽象的词，因为它们可以概括特定的事件（例如，“A 具有攻击性”），而动词是最为具体的词，因为它们可以将事件情境化（例如，“A 打 B”）。[2]在甘·塞明（Gun Semin）和他的同事进行的一项研究中，这种技术被用来提高倡导增强运动这一信息的有效性。做运动的好处可以用抽象的形容词来表述（例如，“做运动对你有好处……运动能使你*身强体健*，并让你的心肺功能*变得更好*”），也可以使用具体的动词来表述（例如，“做运动对你有好处……运动能*强健*你的体魄，*改善*你的心肺功能”）。

研究人员发现，当被试读到与他们的主导性关注点相契合的信息时，他们之后会更有动力参与体育活动（对进取型关注点传达抽象信息，对防御型关注点传达具体信息）。在表述上非常细微的变化就足以建构契合和增强动机，我们在小学上过的语文课终于可以派上用场了。[3]

表达方式4：获得成功与避免失败

想一想过去的事情进展得多么顺利，或者未来的事情会进展得多么顺利，这对进取型导向的人的自信心会产生奇效。进取型动机源于自信、乐观的态度，对于那些进取型导向的人来说，积极的反馈会带来卓越的表现[4]，而乐观是幸福和生活满意度的一个强有力的预测因素。[5]因此，用乐观而有生机的语言和语气来传达信息，这是另一种建构契合的好方法。正如我们前面所提到的，进取型导向的人也更容易受到励志榜样的激励。他人的成功故事或影像可以像他们过去的成功一样令人鼓舞。

而当我们想到过去因准备不足而失败的经历，或者担心未来会发生什么，是否会因为我们不够小心或不够努力而让事情变糟，这时我们的防御型动机会增强。对于以防御为主的人来说，催生最佳表现的是使他们一直保持警惕的负面反馈，不是那些刻薄或批评性的反馈，而是那种传达了如果你不够努力就会面临失败的反馈。[6]因此，用更为谨慎而悲观的语言和语气来传达信息，这是一种为他们建构动机关注点契合的方式。他们也更容易受到警示故事的激励——有时候，你真的可以从别人的错误中学习到经验（并被别人的错误激励）。重要的是，这些信息并不悲观，并不是在说你会遇到不好的事情。相反，它们是在说，如果你没能采取必要的措施来加以阻止，那么不好的事情可能会发生。

表达方式5：变化与稳定

通过强调一个产品或行动体现了变化还是稳定，你会掌握为你的听众建构动机关注点契合的有效方法。一种“在生物化学领域具有重大突破，以一种全新方式去除污渍”的洗涤剂，会让进取型导向的消费者感觉很对，而一种“一直以来都是妈妈们所信任的去污斗士”的洗涤剂，会使防御型导向的消费者体验到契合。（进取型导向的人也倾向于认为未来比现在更重要，所以展望未来的信息对他们来说特别有说服力。）[7]

表达方式6：冒险与谨慎

我们大多数人都生活在一个介于胆大妄为（超级进取型导向）和躲在自己的小黑屋里（超级防御型导向）之间的地方。我们每天做的很多事情都同时混杂着冒险和谨慎，就像是硬币的两面。如果你认为自己进取型导向的孩子应该至少申请10所大学，来确保“稳妥”（你更喜欢的一种保守的、防御型导向的方法），你可能应该用更为冒险的表述，来让他感受到动机关注点契合。（“我们不如多冒一冒险，多申请几所学校？这确实像是一场赌博，但它可以给你带来许多回报，让你有很多选择！”）然而，如果你的孩子是防御型导向，想要“安全”行事，那么你就应该使用更为谨慎的表述，让孩子觉得申请10所或更多的学校才是正解。（“为了降低被自己不喜欢的大学录取或者根本没学上的概率，你得申请至少10所学校，包括几所‘保底’学校。”）

表达方式7：感性与理性

让人们在做决定时考虑自己感受的信息，能为进取型导向的人建构动机关注点契合，而防御型导向的人更喜欢根据逻辑和推理来进行决策。事实上，一项研究发现，进取型导向和防御型导向的消费者分别被告知，根据他们在接触每一种产品时的情绪感受（强调感性），或者基于对每一种产品不同质量的评价（强调理性）来做出决策，他们各自都愿意为自己选择的产品多支付45%的钱。[8]

进取型动机导向倾向于感性

想一想，它让你感觉如何。

跟着感觉走。

你会知道它是适合你的。

防御型动机导向倾向于理性

研究表明……

做出明智的选择……

证据为……

表达方式8：活跃与内敛

我们不仅可以通过口语表述来建构动机关注点契合（或不契合），一些非语言上的表达也能达到同样的效果。正如我们动机科学中心的同事乔·西萨里奥所发现的，你的手势、肢体姿势，以及你说话的速度，这些都会影响你所建构的动机关注点契合程度，以及听众所感受到的说服力。[9]

热切手势是活跃的，表现为开放式的手上动作，手指伸展，向外伸出，远离身体。身体向前倾，朝向听者，在说话时快速移动手。这种身体语言与进取型动机非常契合——大胆、快速、向前。

警惕手势更为保守，表现为精确的、封闭式的手上动作，手指并拢，看起来像是在“推”听者（好像在说“慢下来”）。身体向后倾斜，远离听众，在说话时慢慢移动手。这种肢体语言与防御型动机相契合——小心、精确、深思熟虑。

表达方式 9：部分与整体

在第 6 章中我们曾提到，进取型导向的人通常更喜欢从整体上来比较产品、做出选择——在进入下一个产品或选择之前，将每个产品或选项作为一个整体来考虑。防御型导向的人更喜欢属性处理——在单一维度上考虑每个产品，然后转移到下一个维度。通过以不同的方式呈现选择，人们可以利用这些知识来设计信息，建构动机关注点契合。

以从 Alpha 和 Beta 这两台笔记本电脑中做选择为例。假设你是 Alpha 电脑的制造商，你想向潜在客户展示它是如何与竞争对手 Beta 电脑相竞争的。如果你能够相信你的客户更偏向进取型导向（比如，因为客户都比较年轻，或者因为你的品牌是前卫和有创新性的），你可以从整体处理的角度，来分别展示这两款电脑的所有信息。展示如下：

Alpha 电脑

1.6 GHz 双核英特尔处理器

3GB 内存

重量只有 3 磅

13 英寸屏幕

颜色可定制

价格：999.99 美元

Beta 电脑

2.0 GHz 双核英特尔处理器

5GB 内存

重量只有 5.6 磅

13 英寸屏幕

有黑色和银色两种颜色可供选择

价格：1299.99 美元

但是如果你的客户更偏向防御型导向（例如，客户的年龄比较大了，或者品牌令人信赖、客户服务周到），那么他们在接收到属性处理的信息时，会体验到动机关注点契合。这种方式是通过每一个属性来比较这两款电脑，比较如下：

	Alpha 电脑	Beta 电脑
处理器	1.6 GHz 双核英特尔处理器	2.0 GHz 双核英特尔处理器
内存	3GB	5GB
重量	3 磅	5.6 磅
屏幕	13 英寸	13 英寸
颜色	可定制	黑色或银色
价格	999.99 美元	1299.99 美元

我们再次看到，选择如何进行信息传达真的很重要。让具有防御意识的人能够以属性处理的方式来考虑产品，而具有进取意识的人有更为整体的选项来做出判断，这样会使他们对自己的选择明显更为满意，并愿意为自己的选择多花费大约 20%。[10]

表达方式 10：契合体验转移

如果使用了以上所有方法都没有效果，你也不知道如何为你的产品或想法建构动机关注点契合，这时你可以使用一种我们称之为契合转移的方式。研究表明，由动机关注点契合所带来的感觉很对，以及更为强烈的参与感会持续一段时间。人们不知道他们的动机体验来自何处。因此，如果人们在听到你的信息之前刚刚体验了“契合”，那么这个信息可能会受益于“感觉很对”以及参与感加强。

以希金斯和动机科学中心的同事洛林·陈·伊德松、托尼·弗雷塔斯、斯科特·斯皮格尔和丹·莫尔登进行的一项研究为例。[11] 在早期的问卷调查中，被试列出他们的希望和愿望（启动进取型动机导向）或者他们的职责和义务（启动防御型动机导向）。接下来，研究人员请被试列出确保一切顺利的策略（建构进取型关注点契合），或者确保不出差错的策略（建构防御型关注点契合）。随后，他们再填写一份问卷，研究人员请他们看三只狗的照片，并给狗的性情打分。

那些列出了与自己的关注点相契合的策略的被试（例如，进取型导向 + 确保一切顺利的策略；防御型导向 + 确保不出差错的策略），与体验到不契合的被试相比，在给狗的性情打分中明显认为狗的性情更好。由动机关注点契合所体验到的感觉很对，这会移情到觉得狗的性情很好上——似乎突然之间雷克斯就变成了一个可爱的小家伙，你会愿意和它一起玩捡球的游戏。

契合体验转移效应从生理和精神上都有所体现。[12] 契合体验也可以转化为信任感。（当你不太了解一个人，也没有什么实际的支持时，这样的体验转移会增强你对他的信任。）[13] 契合体验转移甚至可以让你在吃零食时选择那些更为健康的产品。在一项研究中，研究人员在被试要离开时送给被试一个苹果或一块巧克力作为礼物，那些在之前的任务中有契合体验的被试选择苹果而不是巧克力的概率为 83%，相比之下，那些有不契合体验的人做出这种选择的概率只有 20%（对照组为 53%）。[14] 当你体验到动机关注点契合的时候，你会更容易有意志力去做出更为健康的选择，但当你从不契合中感到哪里不对时，就更想要从巧克力中寻求安慰。

因此，不仅从你现在所做的事情，而且从你刚才所做的事情中，都有可能发生契合体验转移。表达方式 10 使得动机关注点契合作为一种影响机制，在不同问题和多个受众中有了更广泛的适用性。你只需要保持动机关注点契合，奇迹就会发生。

以上三个步骤使得建构动机关注点契合的过程不再复杂。只要我们进行一些练习，那么进行自我表达并借助契合体验的力量来施加影响，这将成为我们的第二天性。有了以上 10 种不同的表达方式（可以单独使用，也可以一起使用，来产生更大的影响），就不难做出最适合当下语境的表述了。现在，你已经拥有了更有影响力的工具，你已经了解了建构动机关注点契合的艺术和原理。记住这句简单的话：感到契合才是最为重要的。

后　　记

在科学的发展历程中，心理学是一门相对年轻的学科，曾或多或少是哲学的一个分支，直到 1879 年首个心理学实验室的创建（由威廉·冯特在莱比锡大学创建，随后不久约翰斯·霍普金斯大学和宾夕法尼亚大学也建成了心理学实验室）。毕竟，每一门科学都在不断演化，而且没有什么比人类的思维或行为更为复杂的了，我们在这方面研究得也还不久，因此，如果我们偶尔有些错误，应该也是可以被原谅的吧。

本书及相关研究做出努力的其中一个目的是，指出心理学家（以及那些使用心理学知识工作的人，如父母、教师、管理者、市场营销人员等）长期以来犯的一个错误：只注意故事的一半。

有趣的是，故事的一半并不总是对等的。例如，损失厌恶理论认为，比起增益，人们对同样程度的损失反应更为强烈：比起在路上捡到 20 美元，人们对自己丢掉 20 美元感觉更心疼。经济学家支持损失厌恶这一心理学理论，而没有意识到它其实是一种防御型导向的现象。对于进取型导向的人来说，他们实际上对增益比损失更为敏感。在这种情况下，经济学家确实只采用了防御型导向的那一半视角。

而心理自助领域则往往只讲述故事更侧重进取的一面。有些人几乎把所有注意力都放在了“幸福”的重要性上，并提倡将乐观和积极作为治疗所有病痛的良药，而没有意识到，除了幸福，生活中还有许多东西（比如平静），乐观主义并不适用于所有人。

同样，我们用来激励现在的年轻人、我们的员工和我们自己的一些方法，几乎总是关于使用奖金一类的奖励来推动事情的发展。如果你想要进步或者获得额外的收益，而不是维持现有的安全，这确实是个好主意。但当人们需要保持警惕，或者维持他们已经建立的满意状态时，无论什么形式的奖励都不是好方法。奖励只适用于进取型导向的那一半故事。

即使一个研究领域从一开始就既强调了进取又强调了防御，它也可能最终演变成只关注一种动机。约翰·鲍尔比（John Bowlby）关于儿童依恋关系的开创性研究就是如此。鲍尔比最初强调，婴儿依靠照顾者来满足安全（防御）和得到养育（进取）这两种生存需求。然而，随着时间的推移，最受关注的依恋概念变为“安全的避风港”“安全基地”和“对陌生人的恐惧”，儿童发展出的依恋类型开始分为“安全型”“焦虑－回避型”和“焦虑－矛盾型”。现在，关于亲子依恋的故事已经几乎变成一个防御型导向的故事了。

在读完本书之后，你已经对完整的故事有所了解。你已经知道了，人们在用两种截然不同的视角来看待世界，你也清楚了自己最常采用哪一种视角。在我们向人们讲述关于进取和防御的研究时，最令人兴奋的事情之一是，他们告诉我们，突然之间，自己以前搞不懂的许多事情一下子搞懂了。他们明白了，为什么他们非常擅长某些事情，而在另一些事情上历尽挫折？为什么他们在工作、婚姻、亲子关系中会那般沟通不畅？为什么他们能和另一个人在同一时间同一地点，看到同样的事情，却拥有非常不同的体验？

一旦你了解了进取型导向和防御型导向，以及如何有针对性地建构契合体验，你的生活就会变得更有力量。这在某种程度上是正确的，因为你开始了解如何让自己做的每件事情都更有效率——通过建构动机关注点契合，充分利用你的长处，弥补你的弱点。你在生活中也会不再那么沮丧，因为对关注点的了解会让你对自己和其他人、事都更放松一些。你不需要每时每刻都做好每件事，你也开始意识到自己不可能做到这一点。没有人能够事事完美，人们总是要在进取和防御之间权衡利弊。对于与你采用不同视角的人，你不再会感到惊讶，也不会对他们感到困扰，因为你开始明白他们为何那样了。事实上，你甚至可以开始了解他们的视角所能带来的好处，有时候还会借鉴他们的一些收获。

现在你已经能够站在他们的视角思考问题了，如果他们无法理解你的视角，那就买下这本书，送给他们吧。

致　谢

许多朋友和同事与我们一同发展、探索和应用动机关注点和契合体验，我们对他们表示由衷的感谢。如果没有哥伦比亚大学动机科学中心（旧称希金斯实验室）的研究同事，特别是那些早年与我们共事的人，本书便无法完成。感谢这些同事：Tamar Avnet，Vanessa Bohns，Miguel Brendl，Jeff Brodscholl，Chris Camacho，Joe Cesario，Ellen Crowe，Jens Förster，Tony Freitas，Per Hedberg，Lorraine Chen Idson，Dan Molden，Nira Liberman，Jason Plaks，Chris Roney，Abigail Scholer，James Shah，Scott Spiegel，Tim Strauman，Canny Zou。

我们很幸运，有 Giles Anderson 这样一位优秀的经纪人、朋友、合作者和指路人。本书在很大程度上归功于他的远见、热情和智慧。我们对他于本书的贡献深表感谢。

我们也感谢哈德逊街出版社和企鹅出版社的所有支持和帮助，特别感谢优秀的编辑 Caroline Sutton。Caroline 看到了本书的闪光点，为本书内容进行了必要的梳理和阐释，认真给出了许多非常有帮助的反馈。本书在各位优秀同事的共同努力下得到了巨大的提升。

最后我们要感谢我们才华横溢和富有洞察力的家人，很幸运，我们得到了他们的爱与支持，他们每个人都在本书早期为我们提供了许多反馈（有时也启发了我们的研究），感谢他们：Sigrid Grant，Jonathan Halvorson，Kayla Higgins，Jennifer Jonas 和 Robin Wells。

参考文献

前言

1. Higgins, E. T. (1997). Beyond pleasure and pain. *American Psychologist* 52, 1280–1300.

第 1 章

1. Keller, J. (2008). On the development of regulatory focus: The role of parenting styles. *European Journal of Social Psychology* 38, 354–64; E. T. Higgins (1991). Development of self-regulatory and self-evaluative processes: Costs, benefits, and tradeoffs. In M. R. Gunnar and L. A. Sroufe (Eds.), *The Minnesota symposia on child psychology*, Vol. 23, *Self processes and development* (pp. 125–65) (Hillsdale, NJ: Erlbaum); N. Manian, A. A. Papadakis, T. J. Strauman, and M. J. Essex (2006). The development of children's ideal and ought self-guides: Parenting, temperament, and individual differences in guide strength. *Journal of Personality* 74, 1619–45.
2. Manian, N., T. Strauman, and N. Denney (1998). Temperament, recalled parenting styles, and self-regulation: Testing the developmental postulates of self-discrepancy theory. *Journal of Personality and Social Psychology* 75, 1321–32.

3. Aaker, J. L., and A. Y. Lee (2001). I seek pleasures and we avoid pains: The role of self regulatory goals in information processing and persuasion. *Journal of Consumer Research* 28, 33–49.
4. Higgins, E. T., and O. Tykocinski (1992). Self-discrepancies and biographical memory: Personality and cognition at the level of psychological situation. *Journal of Personality and Social Psychology Bulletin* 18, 527–35.
5. Aaker and Lee, 2001.
6. Werth, L., and J. Förster (2006). How regulatory focus influences consumer behavior. *European Journal of Social Psychology* 36, 1–19.
7. Zhang, J., G. Craciun, and D. Shin (2010). When does electronic word-of-mouth matter? A study of product reviews. *Journal of Business Research* 63, 1336–41.
8. Fuglestad, P., A. J. Rothman, and R. W. Jeffery (2008). Getting there and hanging on: The effect of regulatory focus on performance in smoking and weight loss interventions. *Health Psychology* 27, S260–70.
9. Leonardelli, G. J., J. L. Lakin, and R. M. Arkin (2007). Regulatory focus, regulatory fit, and the search and consideration of choice alternatives. *Journal of Experimental Social Psychology* 43 (6), 1002–9.

第 2 章

1. Scheier, M. F., and C. S. Carver (1992). Effects of optimism on psychological and physical well-being: Theoretical overview and empirical update. *Cognitive Therapy and Research* 16 (2), 210–28.
2. Grant, H., and E. T. Higgins (2003). Optimism, promotion pride, and prevention pride as predictors of quality of life. *Personality and Social Psychology Bulletin* 29, 1521–32.
3. Norem, J., and E. Chang (2002). The positive psychology of negative thinking. *Journal of Clinical Psychology* 58 (9), 993–1001.
4. Higgins, E. T. (2012). *Beyond Pleasure and Pain: How Motivation Works* (London: Oxford University Press).
5. Sackett, A. M., and D. A. Armor (2012). Reasoned optimism: The "intuitive functionalist" account of personal predictions. Manuscript under review.

第3章

1. Friedman, R. S., and J. Förster (2001). The effects of promotion and prevention cues on creativity. *Journal of Personality and Social Psychology* 81, 1001–13.
2. Rietzschel, E. (2011). Collective regulatory focus predicts specific aspects of team innovation. *Group Processes Intergroup Relations* 14, 337–45.
3. Rusetski, A., and L. Lim (2001). Not complacent but scared: Another look at the causes of strategic inertia among successful firms from a regulatory focus perspective. *Journal of Strategic Marketing* 19 (6), 501–16.
4. Herman, A., and R. Reiter-Palmon (2011). The effect of regulatory focus on idea generation and idea evaluation. *Psychology of Aesthetics, Creativity, and the Arts* 5, 13–20.
5. Förster, J., H. Grant, L. C. Idson, and E. T. Higgins (2001). Success/failure feedback, expectancies, and approach/avoidance motivation: How regulatory focus moderates classic relations. *Journal of Experimental Social Psychology* 37, 253–60.
6. Liberman, N., L. C. Idson, C. J. Camacho, and E. T. Higgins (1999). Promotion and prevention choices between stability and change. *Journal of Personality and Social Psychology* 77, 1135–45.
7. Brockner, J., E. T. Higgins, and M. Low (2003). Regulatory focus theory and the entrepreneurial process. *Journal of Business Venturing* 19, 203–20.
8. Wallace, J., L. Little, A. Hill, and J. Ridge (2010). CEO regulatory foci, environmental dynamism, and small firm performance. *Journal of Small Business Management* 48, 580–604.

第4章

1. Higgins, 1991.
2. Higgins, E. T. (1989). Continuities and discontinuities in self-regulatory and self-evaluative processes: A developmental theory relating self and affect. *Journal of Personality* 57, 407–44.
3. Manian, Strauman, and Denney, 1998.
4. Case, R. (1985). *Intellectual development: Birth to adulthood* (New York: Academic Press).

5. Harter, S. (1986). Cognitive-developmental processes in the integration of concepts about emotions and the self. *Social Cognition* 4, 119–51.
6. Van Hook, E., and E. T. Higgins (1988). Self-related problems beyond the self-concept: The motivational consequences of discrepant self-guides. *Journal of Personality and Social Psychology* 55, 625–33.
7. Leung, C. M., and S. F. Lam (2003). The effects of regulatory focus on teachers' classroom management strategies and emotional consequences. *Contemporary Educational Psychology* 28, 114–25.

第 5 章

1. Molden, D. C., E. J. Finkel, S. E. Johnson, and P. Eastwick (2012). Promotion- or prevention-focused attention to and pursuit of potential romantic partners. Manuscript in preparation, Northwestern University.
2. Finkel, E. J., P. W. Eastwick, and J. Matthews (2007). Speed-dating as an invaluable tool for studying romantic attraction: A methodological primer. *Personal Relationships* 14, 149–66.
3. Berscheid, E., and W. Graziano (1979). The initiation of social relationships and interpersonal attraction. In R. L. Burgess and T. L. Huston (Eds.), *Social exchange in developing relationships* (pp. 31–60) (New York: Academic Press).
4. Molden, D. C., L. D. Olson, and G. L. Lucas (2012). Motivating the development and restoration of trust. Manuscript submitted for publication, Northwestern University.
5. Liu, H. (2011). Impact of regulatory focus on ambiguity aversion. *Journal of Behavioral Decision Making* 24, 412–30.
6. Downey, G., A. L. Freitas, B. Michaelis, and H. Khouri (1998). The self-fulfilling prophecy in close relationships: Rejection sensitivity and rejection by romantic partners. *Journal of Personality and Social Psychology* 75, 545–60.
7. Winterheld, H. A., and J. A. Simpson (2011). Seeking security or growth: A regulatory focus perspective on motivations in romantic relationships. *Journal of Personality and Social Psychology* 101, 935–54.
8. Rusbult, C. E., P. A. M. Van Lange (2003). Interdependence, interaction, and relationships. *Annual Review of Psychology* 54, 351–75.

9. Molden, D. C., and E. J. Finkel (2010). Motivations for promotion and prevention and the role of trust and commitment in interpersonal forgiveness. *Journal of Experimental Social Psychology* 46, 255–68.
10. Santelli, A. G., C. W. Struthers, and J. Eaton (2009). Fit to forgive: Exploring the interaction between regulatory focus, repentance, and forgiveness. *Journal of Personality and Social Psychology* 96, 381–94.
11. Righetti, F., C. E. Rusbult, and C. Finkenauer (2010). Regulatory focus and the Michelangelo phenomenon: How close partners promote one another's ideal selves. *Journal of Experimental Social Psychology* 46, 972–85.
12. Winterheld, H. A., and A. Simpson (2012). Social support and regulatory focus: A dyadic perspective. Manuscript in preparation, California State University, East Bay.
13. Molden, D. C., G. M. Lucas, E. J. Finkel, M. Kumashiro, and C. E. Rusbult (2009). Perceived support for promotion-focused and prevention-focused goals: Associations with well-being in unmarried and married couples. *Psychological Science* 20, 787–93.
14. Bohns, V. K., G. M. Lucas, D. C. Molden, E. J. Finkel, M. K. Coolsen, M. Kumashiro, C. E. Rusbult, and E. T. Higgins (2012). Opposites fit: Regulatory focus complementarity and relationship well-being. *Social Cognition* (in press).

第6章

1. Lee, A., P. Keller, and B. Sternthal (2009). Value from regulatory construal fit: The persuasive impact of fit between consumer goals and message concreteness. *Journal of Consumer Research* 36, 735–47.
2. Semin, G. R., E. T. Higgins, L. G. de Montes, Y. Estourget, and J. F. Valencia (2005). Linguistic signatures of regulatory focus: How abstraction fits promotion more than prevention. *Journal of Personality and Social Psychology* 89, 36–45.
3. Liberman, Idson, Camacho, and Higgins, 1999.
4. Scholer, A. A., X. Zou, K. Fujita, S. J. Stroessner, and E. T. Higgins (2010). When risk-seeking becomes a motivational necessity. *Journal of Personality and Social Psychology* 99, 215–31.
5. Pham, M., and T. Avnet (2004). Ideals and oughts and the reliance on affect versus substance in persuasion. *Journal of Consumer Research* 30, 503–18.

6. Werth, L., and J. Förster (2007). The effects of regulatory focus on braking speed. *Journal of Applied Social Psychology* 37, 2764–87.
7. Described in E. T. Higgins (2002), How self-regulation creates distinct values: The case of promotion and prevention decision making, *Journal of Consumer Psychology* 12, 177–91.
8. Herzenstein, M., S. Posavac, and J. Brakus (2007). Adoption of new and really new products: The effects of self-regulation systems and risk salience. *Journal of Marketing Research* 19, 251–60.
9. Kirmani, A., and R. Zhu (2007). Vigilant against manipulation: The effect of regulatory focus on the use of persuasion knowledge. *Journal of Marketing Research* 19, 688–701.

第 7 章

1. Boldero, J., and E. Higgins (2011). Regulatory focus and political decision making: When people favor reform over the status quo. *Political Psychology* 32, 399–418.
2. Ibid.
3. Lucas, G. M., and D. C. Molden (2011). Motivating political preferences: Concerns with promotion and prevention as predictors of public policy attitudes. *Motivation and Emotion* 35, 151–64.
4. Dolinski, D., and M. Drogosz (2011). Regulatory fit and voting. *Journal of Applied Social Psychology* 41, 2673–88.
5. Pew Research Center (2006). *Attitudes toward immigration: In black and white. http://pewresearch.org/pubs/21/attitudes-toward-immigration-in-black-and-white.*
6. *Los Angeles Times* (2008). Latinos still the largest, fastest-growing minority. May 1.
7. Stern, Eliyahu. Don't fear Islamic Law in America. *New York Times* (September 2, 2011).
8. Oyserman, D., A. Uskul, N. Yoder, R. Nesse, and D. Williams (2007). Unfair treatment and self-regulatory focus. *Journal of Experimental Social Psychology* 43, 505–12.
9. Wilson, R. W., and A. W. Pusey (1982). Achievement motivation and small-business relationship patterns in Chinese society. In S. L. Greenblatt, R. W. Wilson, and A. A. Wilson (Eds.), *Social interaction in Chinese society* (pp.195–208) (New York: Praeger).

10. Aaker and Lee, 2001.
11. Zaal, M., C. Van Laar, T. Stahl, N. Ellemers, and B. Derks (2001). By any means necessary: The effects of regulatory focus and moral conviction on hostile and benevolent forms of collective action. *British Journal of Social Psychology* 50, 670–89.
12. Brebels, L., D. De Cremer, and C. Sedikides (2008). Retaliation as a response to procedural unfairness: A self-regulatory approach. *Journal of Personality and Social Psychology* 95, 1511–25.
13. Moreland, R. L., and S. Beach (1992). Exposure effects in the classroom: The development of affinity among students. *Journal of Experimental Social Psychology* 28, 255–76.
14. Shah, J. Y., P. C. Brazy, and E. T. Higgins (2004). Promoting us or preventing them: Regulatory focus and manifestations of intergroup bias. *Personality and Social Psychology Bulletin* 30, 433–46.
15. Phills, C., A. Santelli, K. Kawakami, C. Struthers, and E. T. Higgins (2011). Reducing implicit prejudice: Matching approach/avoidance strategies to contextual valence and regulatory focus. *Journal of Experimental Social Psychology* 47, 968–73.
16. Förster, J., E. T. Higgins, and L. Werth (2004). How threat from stereotype disconfirmation triggers self-defense. *Social Cognition 22,* 54–74.

第 8 章

1. Freund, A. M. (2006). Age-differential motivational consequences of optimization versus compensation focus in younger and older adults. *Psychology and Aging* 21, 240–52.
2. Finegold, D., S. Mohrman, and G. M. Spreitzer (2002). Age effects on the predictors of technical workers' commitment and willingness to turnover. *Journal of Organizational Behavior* 23, 655–74.
3. Unpublished Motivation Science Center survey.
4. Van Dijk, D., and A. N. Kluger (2010). Task type as a moderator of positive/negative feedback effects on motivation and performance: A regulatory focus perspective. *Journal of Organizational Behavior* 32:8, 1084–1105.
5. Plessner, H., C. Unkelbach, D. Memmert, A. Baltes, and A. Kolb (2009). Regulatory fit as a determinant of sport performance: How to succeed in a soccer penalty-shooting. *Psychology of Sport and Exercise 10,* 108–15.

6. Van Stekelenburg, J., and B. Klandermans (2003). *Regulatory focus meten met behulp van spreekwoorden* [Using proverbs to measure regulatory focus]. *Jaarboek Sociale Psychologie* (Groningen, The Netherlands).
7. Van-Dijk and Kluger, 2004.
8. Florack, A., M. Scarabis, and S. Gosejohann (2005). Regulatory focus and consumer information processing. In F. R. Kardes, P. M. Herr, and J. Nantel (Eds.), *Applying social cognition to consumer-focused strategy* (pp. 235–63) (Mahwah, NJ: Lawrence Erlbaum Associates).
9. Aaker and Lee, 2001.
10. Sung and Choi, 2011. Increasing power and preventing pain: The moderating role of self-construal in advertising message framing. *Journal of Advertising*, 40, 71–86.
11. Shah, J. (2003). The motivational looking glass: How significant others implicitly affect goal appraisals. *Journal of Personality and Social Psychology* 85, 424–39.
12. Levine, J. M., E. T. Higgins, and H.-S. Choi (2000). Development of strategic norms in groups. *Organizational Behavior and Human Decision Processes* 82, 88–101.
13. Faddegon, K., D. Scheepers, and N. Ellemers (2008). If we have the will, there will be a way: Regulatory focus as a group identity. *European Journal of Social Psychology* 38, 880–95.

第 9 章

1. Higgins, E. T. (2000). Making a good decision: Value from fit. *American Psychologist* 55, 1217–30.
2. Higgins, E. T. (2006). Value from hedonic experience *and* engagement. *Psychological Review* 113(3), 439–60.
3. Cesario, J., H. Grant, and E. T. Higgins (2004). Regulatory fit and persuasion: Transfer from "feeling right." *Journal of Personality and Social Psychology 86,* 338–404.
4. Avnet, T., D. Laufer, and E. T. Higgins (2012). Are all experiences of fit created equal? Two paths to persuasion. Manuscript submitted for publication, Columbia University.
5. Lee, A. Y., and J. L. Aaker (2004). Bringing the frame into focus: The influence of regulatory fit on processing fluency and persuasion. *Journal of Personality and Social Psychology* 86, 205–18.

6. Wang, J., and A. Y. Lee (2006). The role of regulatory focus in preference construction. *Journal of Marketing Research* 43(1), 28–38. doi:10.1509/jmkr.43.1.28.
7. Aaker and Lee, 2001.
8. Paine, J. W. (2009). Follower engagement, commitment, and favor toward change: Examining the role of regulatory fit. Unpublished doctoral dissertation, Columbia University.
9. Li, A., J. Evans, M. Christian, S. Gilliland, E. Kausel, and J. Stein (2011). The effects of managerial regulatory fit priming on reactions to explanations. *Organizational Behavior and Human Decision Processes* 115, 268–82.

第10章

1. Lockwood, P., C. H. Jordan, and Z. Kunda (2002). Motivation by positive or negative role models: Regulatory focus determines who will best inspire us. *Journal of Personality and Social Psychology* 83, 854–64.
2. Schokker, M., J. Keers, J. Bouma, T. Links, R. Sanderman, B. Wolffenbuttel, and M. Hagedoorn (2010). The impact of social comparison information on motivation in patients with diabetes as a function of regulatory focus and self-efficacy. *Health Psychology* 29, 438–45.
3. Freitas, A. L., N. Liberman, and E. T. Higgins (2002). Regulatory fit and resisting temptation during goal pursuit. *Journal of Experimental Social Psychology* 38, 291–98.
4. *Wall Street Journal* (2010). BP links safety to pay in fourth quarter. October 19.
5. Daryanto, A., K. de Ruyter, and M. Wetzels (2010). Getting a discount or sharing the cost: The influence of regulatory fit on consumer response to service pricing schemes. *Journal of Service Research* 13, 153–67.
6. Brodscholl, J. C., H. Kober, and E. T. Higgins (2007). Strategies of self-regulation in goal attainment versus goal maintenance. *European Journal of Social Psychology* 37, 628–48.
7. Plessner, Unkelbach, Memmert, Baltes, and Kolb, 2009.
8. Unkelbach, C., H. Plessner, and D. Memmert (2009). "Fit" in sports: Self-regulation and athletic performances. In J. Forgas, R. Baumeister, and

D. Tice (Eds.), *The psychology of self-regulation* (pp. 93–105) (New York: Psychology Press).

9. Latimer, A. E., S. E. Rivers, T. A. Rench, N. A. Katulak, A. Hicks, J. K. Hodorowski, E. T. Higgins, and P. Salovey (2008). A field experiment testing the utility of regulatory fit messages for promoting physical activity. *Journal of Experimental Social Psychology* 44, 826–32.
10. Spiegel, S., H. Grant, and E. T. Higgins (2004). How regulatory fit enhances motivational strength during goal pursuit. *European Journal of Social Psychology* 39, 39–54.
11. Spiegel, Grant, and Higgins, 2004.
12. See Freitas, A., and E. T. Higgins, 2002. Enjoying goal directed-action: The role of regulatory fit. *Psychological Science* 13, 1–6.
13. Hamstra, M., N. Van Yperen, B. Wisse, and K. Sassenberg (2011). Transformational-transactional leadership styles and followers' regulatory focus. *Journal of Personnel Psychology* 10, 182–86.
14. Van-Dijk and Kluger, 2004.

第 11 章

1. Zhao, G., and C. Pechmann (2007). The impact of regulatory focus on adolescents' response to antismoking advertising campaigns. *Journal of Marketing Research* 19, 671–87.
2. Aaker and Lee, 2001.
3. Cesario, Grant, and Higgins, 2004.
4. Holler, M., E. Hoelzl, E. Kirchler, S. Leder, and L. Mannetti (2008). Framing of information on the use of public finances, regulatory fit of recipients and tax compliance. *Journal of Economic Psychology* 29, 597–611.

第 12 章

1. Lee and Aaker, 2004.
2. Florack, A., and M. Scarabis (2006). How advertising claims affect brand preferences and category–brand associations: The role of regulatory fit. *Psychology and Marketing* 23, 741–55.
3. Lee and Aaker, 2004.

4. Lee, Keller, and Sternthal, 2009.
5. Wang and Lee, 2006.
6. Aaker and Lee, 2001.
7. Daryanto, de Ruyter, and Wetzels, 2010.
8. Uskul, A., D. Sherman, and J. Fitzgibbon (2008). The cultural congruency effect: Culture, regulatory focus, and the effectiveness of gain- vs. loss-framed health messages. *Journal of Experimental Social Psychology* 45, 535–41.
9. Higgins, E. T., L. C. Idson, A. L. Freitas, S. Spiegel, and D. C. Molden (2003). Transfer of value from fit. *Journal of Personality and Social Psychology* 84, 1140–53.
10. Mourali, M., and F. Pons (2009). Regulatory fit from attribute-based versus alternative-based processing in decision making. *Journal of Consumer Psychology* 19, 643–51.
11. Avnet, T., and E. T. Higgins (2003). Locomotion, assessment, and regulatory fit: Value transfer from "how" to "what." *Journal of Experimental Social Psychology* 39, 525–30.
12. Mourali and Pons, 2009.

第 13 章

1. Förster, J., and E. T. Higgins (2005). How global versus local perception fits regulatory focus. *Psychological Science* 16, 631–36.
2. Semin, G. R., and K. Fiedler (1991). The linguistic category model, its bases, applications and range. In W. Stroebe and M. Hewstone (Eds.), *European review of social psychology,* Vol. 2 (pp. 1–50) (Chichester, England: Wiley).
3. Semin, Higgins, de Montes, Estourget, and Valencia, 2005.
4. Förster, Grant, Idson, and Higgins, 2001.
5. Grant and Higgins, 2003.
6. Förster, Grant, Idson, and Higgins, 2001.
7. Pennington, G. L., and N. J. Roese (2003). Regulatory focus and temporal perspective. *Journal of Experimental Social Psychology* 39 (6), 563–76.
8. Avnet and Higgins, 2003.

9. Cesario, J., and E. T. Higgins (2008). Making message recipients "feel right": How nonverbal cues can increase persuasion. *Psychological Science* 19, 415–20.
10. Mourali and Pons, 2009.
11. Higgins, Idson, Freitas, Spiegel, and Molden, 2003.
12. Hong, J., and A. Y. Lee (2008). Be fit and be strong: Mastering self-regulation with regulatory fit. *Journal of Consumer Research* 34, 682–95; and Lee, Keller, and Sternthal, 2009.
13. Vaughn, L., A. Harkness, and E. Clark (2010). The effect of incidental experiences of regulatory fit on trust. *Personal Relationships* 17, 57–69.
14. Hong and Lee, 2008.